儲能技術概論(第二版)

曾重仁、張仍奎、陳清祺、薛康琳、江沅晉

李達生、翁芳柏、林柏廷、李岱洲、謝錦隆

編著

全華圖書股份有限公司

編輯部序
PREFACE

　　「系統編輯」是我們的編輯方針，我們所提供給您的，絕不只是一本書，而是關於這門學問的所有知識，它們由淺入深，循序漸進。

　　本書是以各式儲能技術之原理構造，系統化解說編撰而成，書中除了對各種儲能方法有基本概念的詳加論述外，還特別介紹了儲能技術中，生命週期與成本效益分析之內容，在技術發展與商用運轉的評估，能有更實務有價值的參考方向。內容由淺而深、條理分明的編排方式，非常適合科大、四技等相關課程使用，也可供相關業界做參考。

　　同時，為了使您能有系統且循序漸進研習相關方面的叢書，我們以流程圖方式，列出各有關圖書的閱讀順序，以減少您研習此門學問的摸索時間，並能對這門學問有完整的知識。若您在這方面有任何問題，歡迎來函聯繫，我們將竭誠為您服務。

目錄
CONTENTS

5 飛輪儲能

6 大型抽蓄水力發電介紹

7 電池

8 ▶ 電容

9 ▶ 液流電池儲電

10 ▶ 電轉燃料儲能技術

11 電化學檢測方法

12 生命週期與成本效益分析

附錄

1

儲能導論

1-1 緒論

　　近年來隨著能源議題受到各界重視、再生能源研究如雨後春筍般崛起，儲能產業也開始成為大家所留意的焦點。不僅是移動性裝置、或者與再生能源並聯的緩衝系統，儲能裝置在產業中的需求越來越高，儲能元件、儲能材料與儲能系統設計也需要更多的人才投入此領域中。

1-2 儲能技術分類

　　「儲能」並非一個新穎的概念，舉凡生活周遭，皆可看到將能量累積再利用的例子；而隨著科技的日新月異，在人類能夠使用更多種類能源的同時，人類也開發出了更多儲存能源的方式與技術。

　　儲能技術根據其機制，可區分為以下四種類型。

一、電能

　　是目前最具代表性的儲能技術，舉凡二次電池、電容皆屬於此範疇，因電能有其使用上的便利性，故儲電裝置也更受到重視與應用，像是使用手電筒代替燈籠(蠟燭)，即是儲電技術取代化學能轉換技術的例子。而隨著科技演進，儲電技術逐漸在提高其能量密度，例如鋰電池與超級電容，尤其是鋰電池的出現，可以說是開啓了移動性裝置發展的一扇大門。

二、熱能

在儲能領域中，熱能儲存可分成兩個項目：儲熱與儲冷(儲冰)；兩者皆同樣屬於熱能的控制，是將熱能從儲能裝置中維持/排除，藉以達到能量的延後利用。相較於電能，熱能雖然亦充斥在人們生活周遭，但是卻較不起眼，因爲熱能可以廣義的認定爲能量轉換的最終型態，同時也表示相較於其他能源，熱能是較難被有效再利用的能量類型；但若能妥善加以收集，也代表是能極爲有效提高能源使用效率的手段。近年來所鼓吹的「綠建築」設計，以及太陽能熱水器，其中都包含了將太陽熱能收集儲存並再利用的概念。

三、機械能

此種儲能技術，是將能量轉換爲機械能的形式加以保留，如位能、彈簧的位(勢)能、飛輪的轉動慣量等等；機械能儲存的特點，在於其能量可直接以「做功」的方式輸出利用，能夠直接用來推動槓桿或轉動輪軸，而非僅侷限在電力的供給。以現階段的狀況，水庫抽蓄式水力發電也是目前唯一已經串連至當今電力網路、並且用來作電力供給平衡用的機械式儲能技術。

四、化學能

化學能儲存，是指將能量用於製造高熱值的媒體並加以儲存，進而達到儲存能量的目的，較常見的媒體如氫氣、甲烷、甲醇。此項技術目前尚處於實驗室內操作的階段，還無較爲實際的應用案例；但此項儲能技術具有相當高的儲存能量密度，同時也是處理過剩碳排放的手段之一，因此近年來也開始受到各界的重視與投入研究。在化學能的利用方面，除了直接使用引擎裝置將化學能轉換成機械能外，更可使用燃料電池來把化學能直接轉換成電能。同時也因爲化學能儲存有著相當高的儲存能量密度，因此在移動裝置的應用上，化學能儲存也是一個受到期待的發展趨勢；目前世界各大汽車製造商，也宣佈在 2015 年將推出商品化的燃料電池汽車，顯示此類儲能技術已形成一股趨勢。

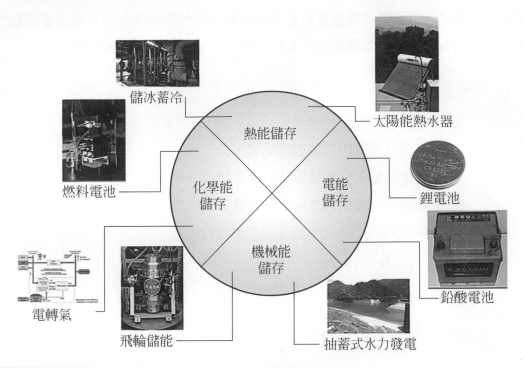

圖 1-1 　儲能技術分類[1.2.3]

1-3　儲能技術指標

　　儲能技術被應用的層面相當廣泛，在基於不同機制與不同應用層面的前提上，很難去單純的比較各種儲能技術的好壞；但仍可藉由一些指標來進行評估。

一、儲能密度

　　凡是提到能源裝置，儲能密度總是其中一項評估特徵。而在各類的儲能裝置上，因為技術的不同，導致在儲能密度上有著根本上的差異；因此，在儲能技術的分析中，不能單純的以儲能密度高低來決定技術的優劣，必須從此儲能裝置所銜接的系統角度、並同時參考其他指標，才能評估此儲能技術的應用是否合適。

二、儲能效率

　　廣義來看，儲能效率即為輸入儲能裝置能量與輸出儲能裝置能量之比值。同時，此效率可分成兩個層面來討論，首先是能源轉換效率，也就是能量從外部輸入到儲能裝置中、以及從儲能裝置中將能量轉換至外部利用的轉換效率，另外就是能源儲存壽命，是指當能量輸入到儲能裝置後，在最終輸出能量前能所能保留的程度。

$$E_{out} = \eta_{out} \times [(E_{in} \times \eta_{in}) \times H_{life}(t)] \qquad (1\text{-}1)$$

E_{in}：輸入儲能裝置的能量。

E_{out}：從儲能裝置所能輸出的能量。

η_{in}：將能量輸入儲能裝置時的能量轉換效率。

η_{out}：將能量從儲能裝置輸出時的能量轉換效率。

$H_{life}(t)$：能量再儲能裝置中隨時間而損耗的係數。

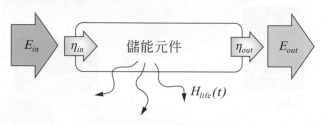

圖 1-2　儲能效率示意圖

$$\eta_{storage} = \frac{E_{out}}{E_{in}} = \eta_{out} \times \eta_{in} \times H_{life}(t) \qquad (1\text{-}2)$$

$\eta_{storage}$：儲能系統的儲能總效率。

　　一個理想的儲能裝置，其能源儲存壽命是趨近無限長，即 $H_{life}(t)$趨近為常數 1，也就是儲能效率只受到能源轉換效率之影響。但反過來說，當能源儲存壽命是時間之函數時，儲能裝置之儲能效率也就會隨著時間增加而降低。

三、尺度縮放性

　　儲能裝置雖能獨立運作，但在其與一個系統連接時，才能更體現出儲能裝置的價值。而在面對各種不同用途的系統時，其間對於儲能容量、能源供給緩衝的需求不盡相同；而一個儲能技術，能否應對不同尺度的儲能需求，亦成為評估儲能技術的一項指標。電池是一種尺度縮放性很大的儲能技術，可以根據需求製作不同容量的電池元件；水庫蓄能則是尺度縮放性很小的儲能技術，若無足夠的高低差與水量，則無法儲存足夠的位能(機械能)，即水庫蓄能在小尺度的應用上效益不如大尺度的應用。

四、耐用度

元件都有其壽命限制，而對於儲能元件而言，耐用度可由兩項特徵來加以評估，一則是元件本身機件或材料之壽命，另一個則是該儲能技術所能承受的充放能循環次數。對物理電容而言，其儲能技術有著理論上無限的充放電循環次數，但其儲能密度太低使其技術在應用上受到限制；相較之下，化學電容有著較高的儲能密度，但也因為其化學反應機制，而使得耐用度低於物理電容。

五、連接性

儲能元件必須連接至系統上，才能展現出其技術價值；而根據不同的儲能技術基礎，在串連至系統的困難度也有所不同。一個儲能元件若需要越多的能源轉換程式才能與系統連接，即象徵此儲能元件的連接性較差。電池、電容等儲能裝置，因為其充能/放能均直接為電能，可直接為系統利用，故有著很高的連接性優勢。化學能儲能雖然有著很高的儲能密度優點，但不論是將能源轉換為化學能、又或者是將化學能轉成所需的能源，都需要額外的裝置來進行，其低連接性的缺點也是化學能儲能需要克服的一個障礙。

六、成本效益

儲能裝置在一個系統中，雖然扮演著關鍵的輔助角色，但在系統整體規劃中，若佔用整體過高的成本花費，仍會使整個設計顯得不切實際；因此成本效益的考量，對儲能技術而言是相對重要的一個環節，而越是將儲能技術串連到既有的能源系統上，則越需要提高成本效益的評估優先度。

藉由這些指標，可直接的評估一個儲能技術的特性。在系統設計的考量時，應將所有指標綜合性的參考；而在系統設計層面而言，指標間有其相依性與互斥性，例如在追求高儲能密度時，往往無法兼顧其成本效益；尺度縮放性較低的儲能技術，往往也是有較差的連接性。由於儲能裝置必須要整合在一個系統中，才能體現它的技術價值，也因此必須從系統設計的角度來評估一個儲能技術的好壞優劣。

1-4　儲能應用特性

在大型的電力儲存系統上，一般以定置型儲能系統做為電能儲存的方式，例如：抽蓄水力儲能系統(Pumped Hydro)是將電能透過抽蓄機組以位能的型式貯存起來。而壓縮空氣儲能系統(Compressor Air Energy Storage，CAES)則是藉由加壓空氣將能量貯存於密閉空間中。抽蓄水力與壓縮空氣儲能系統都需在適當的地理條件下建設，而且需考量安全性與環境影響問題。目前臺灣電網的電力儲存系統是以抽蓄水力儲電為主，以南投的日月潭做為上池，明德、明潭兩個水庫作為下池。上下兩池高低位能差在 300～400 公尺之間。

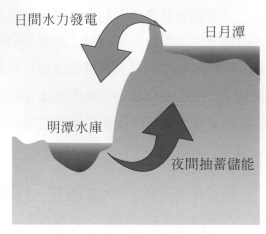

圖 1-3　抽蓄水力儲電示意圖

電力儲存(儲電)系統，依據其供電時間及供電功率，可分為發電、輔助供電與輸配電系統三個主要的應用領域(如表 1-1)。

表 1-1　電力儲存在電力系統中各領域的應用與效益

領域	發電	輔助供電	輸配電系統
應用	電能管理 負載調節 尖峰供電	頻率調節響應 暫態備用電源 長期備用電源 虛功率之控制	提高系統的可靠度 與新(再生)能源結合
效益	提高發電設備利用率，減少對系統總裝機容量的要求	降低輔助設備成本	提高系統設備利用率，延緩新增投資之需求

電力儲存在發電領域，主要的應用是電能管理、負載調節、尖峰供電。例如在尖峰時間以電力儲存設備輔助供電可以減少對系統總裝機容量的要求。圖 1-4 為各種儲能技術與儲能系統關鍵特性的相對關係圖[4、5]。儲能技術分成化學儲能、物理儲能、氫能、熱蓄能等等。儲能系統的關鍵特性包括技術發展時之基本、應用與開發等特性之指標項目。圖中之圓形面積代表該關鍵特性對於各個儲能技術關聯程度的大小。例如，以比能量(Wh/kg)而言，氫能有很高的比能量(～33 kWh/kg)，抽蓄水力儲能的比能量(>> 0.1 kWh/kg)很低。以操作壽命而言，抽蓄水力儲能遠較其他儲能技術為長，而且其技術成熟度與規模也是最高與最大。

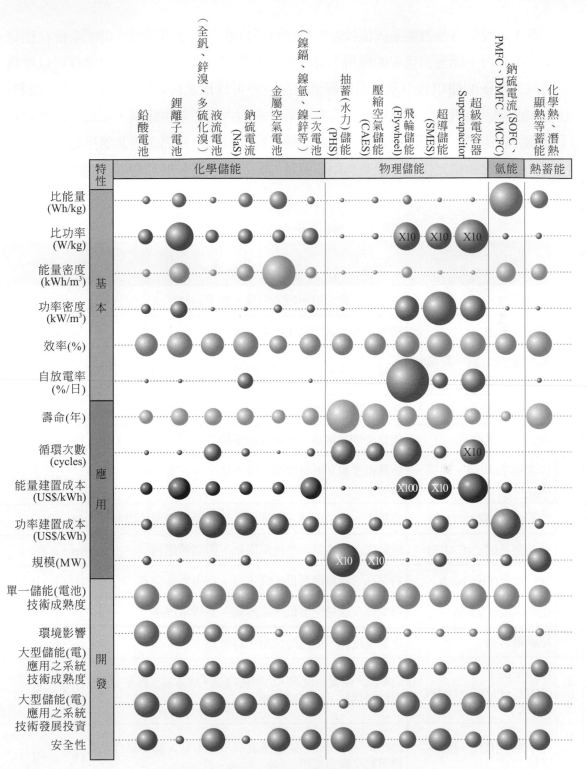

圖 1-4　儲能系統之特性關聯程度[1、2]

表 1-2 說明各種儲能系統依技術的特性有各自適合的應用場域。儲能系統在穩定電網、提高再生能源滲透率的應用上扮演相當重要的角色，有效的電力儲存可以提高整個電力系統的使用效率及發電的經濟效益。亦可以補足傳統電力系統中之「原料-發電-輸電-配電-用電」供電鏈成為完整產業所需的六大產業供應鏈，並且可以應用在「發-輸-配-用電」等不同層面，配合供電鏈之特性需求差異而選用其適用之電力儲存技術，除可協助穩定供電、提高利用率與電力品質外，更有助於發展整體電力儲存經濟產業。

表 1-2　儲能系統的種類與特性應用

分類	種類	特性說明	應用場域 (註)
化學儲能	鉛酸電池	低成本、壽命短、污染環境、需要回收	a、b、c、d
化學儲能	鋰離子電池	功率密度與效率高、污染環境、存在安全問題	a、b、c、d
化學儲能	液流電池(全釩、鋅溴、多硫化溴等)	容量大、功率和能量獨立設計、能量密度低	b、c、d
化學儲能	鈉硫電池(NaS)	能量密度、功率密度高、成本高、安全性差	b、c、d
化學儲能	金屬空氣電池	能量密度非常高、充電性能不佳	b、c、d
化學儲能	二次電池(鎳鎘、鎳氫、鎳鋅等)	能量密度與功率密度高、成本低、存在安全問題、污染環境	a、b、c、d
物理儲能	抽蓄(水力)儲能(PHS)	容量大、技術成熟、儲能成本低、受地理環境限制	e
物理儲能	壓縮空氣儲能(CAES)	容量大、成本低、受地點限制、需氣體燃料	d、e
物理儲能	飛輪儲能(Flywheel)	功率高、能量密度低、成本高、技術需要完善	b、c、d
物理儲能	超導儲能(SMES)	功率高、能量密度低、成本高、需經常維護	b、c、d
物理儲能	超級電容器	能量密度低、放電時間短、壽命長、效率高	a、b
氫能	燃料電池 (SOFC、PMFC、DMFC、MCFC)	功率高、能量密度高、功率密度低、成本高、壽命受限、需燃料供給、僅發電功能	b、c、d
熱蓄能	化學熱、潛熱、顯熱等蓄能	壽命長、效率高、能量密度高、成本低、需要結合發電機與熱交換器使用	b、c、d

註：應用情境 a.可攜式電力、b.在地與島嶼、c.社區、d.再生能源場址、e.區域性

電力儲存技術的應用範圍很廣，它可由 0.2 kW 小型瞬時充放電作爲電力品質提升之應用，到 500MW 以上之大型長時充放電作爲電能儲存、管理與電力調控之應用。目前電力儲存在各種場合的應用[6]包括：

1. 電力電能應用，家用電腦到無線基地臺、中繼站等不斷電系統，住宅、大廈、建築物等的備用電源系統，太陽光電發電系統，工商業電力儲存裝置，風力發電的系統穩壓與變頻控制。

2. 電機動力應用，電動堆高機、土木工程車、輕軌電動車、電動船、電動機踏車、電動車。

3. 家電與攜帶電子產品電池應用，手機、筆電與平板電腦、手電筒、相機、可穿戴裝置(wearable computer)、行動電源。

電力儲存在電網的應用[7]可以分爲上、中、下游。在上游是電廠發電(power generation)，在中游是輸供電與配電(transmission and distribution)，在下游是電力消費端(customer service)。依據使用對象大致可以歸納出數十種電網電力儲存的應用，其中包括：大量電能儲存應用(Bulk Energy Sevice)、電能調節應用(Ancillary Services)、輸電建設的應用(Transmission Infrastructure Services)、配電建設的應用(Distribution Infrastructure Services)、消費端能源管理應用(Customer Energy Management Services)等等。圖 1-5 說明各種儲能系統之適用範圍、技術成熟度與發展投資關係圖[4、5、8]，電池或儲能系統技術在小規模使用時大部份已接近成熟階段，但是當進行大規模應用時，因其本質特性及串並聯機制等所衍生之平衡技術、電能管理(BMS)、周邊運轉等問題時則須再投資更多技術發展才能達到實用性與成熟度，這些系統之應用情境隨著國家、法規而有所不同，目前臺灣不見得適合所有電力儲存系統的應用。

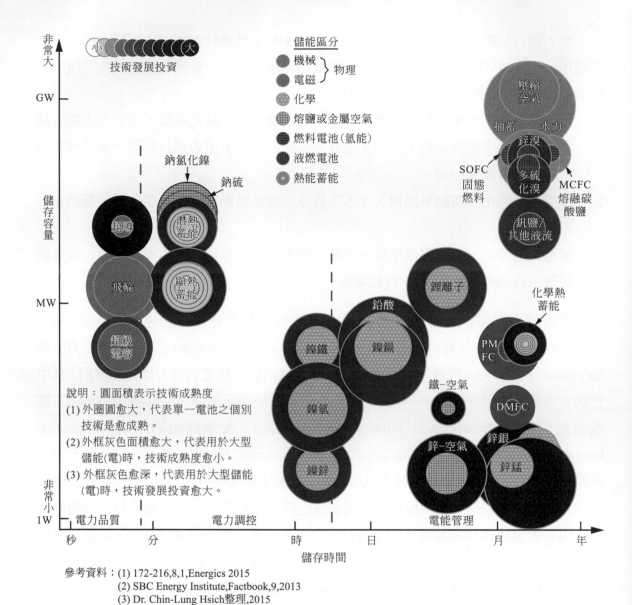

說明：圓面積表示技術成熟度
(1) 外圈圓愈大，代表單一電池之個別技術是愈成熟。
(2) 外框灰色面積愈大，代表用於大型儲能(電)時，技術成熟度愈小。
(3) 外框灰色愈深，代表用於大型儲能(電)時，技術發展投資愈大。

參考資料：(1) 172-216,8,1,Energics 2015
　　　　　 (2) SBC Energy Institute,Factbook,9,2013
　　　　　 (3) Dr. Chin-Lung Hsieh整理,2015

圖 1-5　儲能系統之適用範圍、技術成熟度與發展投資關係圖[4、5、8]

1-5 儲能節能創能整合

　　2015 下半年開始進入「電池儲能元年」，包括美國微軟公司比爾蓋茲提倡液流電池綠能產業 [8]、Tesla Powerwall 在電池儲能第 2 季成長 600%、美國 PJM(Pennsylvania—New Jersey—Maryland) — ISO 電力調度機構轄區內架設一座 60MW 的電池儲能電力調頻設施、美國獨立電力供應商 AES 能源儲存(AES Energy Storage)正為南加州愛迪生(Southern California Edison)電力公司建造 100MW-40MWh 的鋰電池儲能系統，做為尖峰供電使用[9]。AES 認為電池儲能就可以對減碳直接發揮貢獻，不必等到綠能普及。美國俄亥俄州市政電力公司 2105 年決定建立一個 7MW 的儲能設施，連接到一座 4.2MW 的 PV 發電站，進入迅速調節電網頻率市場，同時具備平穩及改變 PV 發電站的輸出量，完工後，該項目將成為俄亥俄州最大的儲能系統之一，將使用儲能系統遞延輸配電成本、提高電能品質並調節尖峰需求，有助於為 6000 多萬客戶提供可靠電網，該合作方案總監 Troy Miller 表示：「營收疊加是儲能系統創造強大投資回報的最快方式之一，市政電力公司與開發商的合作雙方共同創造多重營收來源、互惠互利」[10]。世界上最大的公用電力事業公司之一 NextEra Energy 宣稱在 2020 年在美國電池儲能將取代任何新的天然氣調峰電廠，該公司執行長 Robo 認為「儲能是再生能源發展的聖杯，如果能以具成本效益的價格提供穩定的電力給再生能源客戶，將會看到再生能源以遠比現今的成長速度更加爆炸性的快速成長」。[11]

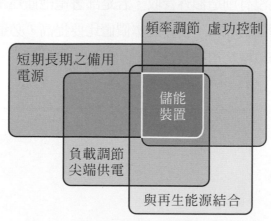

圖 1-6　多重服務疊加以創造最大價值

成本是投資挑戰的重點，伴隨著儲能的發展，經濟成本價值一直是最被關注的議題之一，諸多研究報告開始將焦點轉移到所謂電池應用衍生的價值，洛磯山研究所(Rocky Mountain Institute，RMI)於 2015 年 10 月發佈了一份關於電池儲能經濟分析的研究報告，再次聚焦到電池儲能經濟性上，RMI 實地調查研究的四個應用案例、分析了儲能可以為用戶端、公用電力事業單位、或獨立電力調度中心(ISO)/區域輸電組織(RTOs)這三大市場主體帶來何種價值，更加明確了儲能實現的可能性。[12]

RMI 報告本質上是高度重複利用或彙整一些儲能產業專家普通報告中已經持有的結論。報告中推薦儲能市場模式的「疊加效益」，審閱了電池儲能可以為電網提供什麼服務、部署在電網的哪個位置、可以提供那些服務、當以高利用率執行多個服務任務時會產生多少效益疊加價值、以及執行所提供的服務會存在了哪些障礙。發現電池可降低電網投資、運轉成本和客戶帳單費用，增加對電網的調節能力，並支援大部分再生能源系統的有效發電的可用量。該報告分析電池儲能調度應用模擬顯示，電池若部署在住宅、商業和工業用戶的電錶後，可提供電力系統 13 項服務如表 1-3，這項技術的實用性增加了系統沿線更多的「分散式」服務價值。部署在電錶後具有「內在價值」，無須額外補貼，但有前提是：

(1) 多重服務，價值疊加：電池必須被善加運用，提供用戶和電網多重服務，以符合收入大於成本之淨效益。

(2) 多重服務，性價比高：假設在匯總應用沒有出現任何監管障礙、沒有需求端市場參與，或沒有創造額外營收。若是部署電池僅為單一用途時，電池的壽命容量利用率僅約 53%，投資成本價值比要提高，必須將其餘下的 47%用來提供其它服務以增加潛在效益。

表 1-3　電網儲能服務類別

	服務類別	定義
獨立電力調度中心(ISO)/區域輸電組織(RTO)服務	能源套利 Energy Arbitrage	當能源區位邊際價格(the locational marginal price，LMP)較低時(通常在夜間時段)購買批售電力，和當 LMP 在最高的時候則回售電力給批售市場。負載追蹤(Load following，LF)，作為次日(Day-Ahead)預定發電機輸出、實際發電機輸出、以及實際需求之間的差異管理，被視爲能量套利的一部分。
	頻率調節 Frequency Regulation	頻率調節是功率對本地感應系統頻率變化的直接和自動響應，無論是從系統或是系統元件。調節是必需的，在瞬間響應基礎下以確保整個系統的發電完美匹配系統端負載，以避免系統端頻率出現峰值或低谷，造成電網的不穩定。
	熱機/冷機 備轉容量 Spin/Non-Spin Reserves	熱機備轉容量(spinning reserve)是在電網上的發電量，能夠立即反應提供於非預期偶發事件的緊急負載需求，例如非計劃性的發電中斷事件(斷電)。冷機備轉容量(Non-Spinning Reserve)是可以在短期內提供緊急響應事件的發電量，通常是不到十分鐘的發電能力，而且也不是立即可以使用的。
	電壓支持 Voltage Support	電壓支持確保整個電網的可靠性和持續的電力潮流。在輸電和配電系統(T&D)上的電壓必須維持在可接受範圍內，以確保產生的實功(real)和虛功(reactive)功率能與需求相匹配。
	全黑啓動 Black Start	在電網斷電的情況下，對於較大發電廠的運轉恢復，需要有黑啓動發電的設備，以便區域電網能夠恢復併網。在某些情況下，大型電廠本身是具有全黑啓動能力。

表 1-3　電網儲能服務類別(續)

	服務類別	定義
公用電力事業(UTILITY)服務	確保容量充足 Resource Adequacy	替代在新的天然氣燃燒渦輪機上的投資，以滿足尖峰電力消耗時段的發電需求，電網運營商和公用電力事業就可以用來支付的其他資產設備，包括儲能系統，以逐漸增加延緩或降減對新發電容量的需求，並最小化在這方面過度投資的風險。
	延緩配電投資 Distribution Deferral	延緩、降低規模、或者完全避免公用電力事業必須滿足對電網特定區域的計畫性負載成長量而在配電網升級上的投資。
	解決輸電壅塞 Transmission Congestion Relief	ISO 可以在每天的特定時段向公用電力事業收取使用壅塞的輸電電網費用。資產設備包括開發儲能系統可以在壅塞期間進行壅塞傳輸電網放電、儲能系統充電，並大幅減少傳輸系統壅塞。
	延緩輸電投資 Transmission Deferral	延緩、降低規模、或者完全避免公用電力事業必須滿足對電網特定區域的計畫性負載成長量而在輸電網升級上的投資。
用戶端服務	時間電價管理 Time-of-Use Bill Management	在用電尖峰時段、時間電價(Time-of-Use，TOU)最高的時候，減少電力消費購買，並轉移這些購買行為到低用電、低電價率時段。電表後(behind-the-meter)用戶可以使用儲能系統，以減低用電費用。
	PV 自發自用 Increased PV Self-Consumption	在不利於分散式太陽光電發電(PV)(例如，無輸出電價獲利)的公用電力事業費率結構區，在電表後(behind-the-meter)之 PV 系統以最小化輸出發電量獲取最大化 PV 發電的經濟利益。
	降低需求電費 Demand Charge Reduction	在電網故障的情況下，儲能系統匹配地區發電機可以提供多重備用電源，範圍可以從用於工業運轉維護的秒級功率品質到每日等級之住宅用戶備用電力。
	備用電源系統 Backup Power	在電網故障的情況下，儲能系統匹配地區發電機可以提供多重備用電源，範圍可以從用於工業運轉維護的秒級功率品質到每日等級之住宅用戶備用電力。

　　當同一裝置或一系列裝置可以提供多重、疊加的服務時，儲能系統就可以產生更大的價值。目前絕大多數系統是為了三個單項應用中的某一項而部署：降低需量電費、作為備用電源、或提高太陽光電發電的自發自用比例。結果使得電池儲能系統在其一半多的壽命中尚未得到利用或是未被充分利用。例如，一套僅用於降低需量電費而被調度的儲能系統，其被使用的時間僅為佔其可用壽命的 5～50%。在調度電池儲能時是先以一項首要的應用為主，然後為了提供多重、疊加的服務而要以再重新調度電池儲能的方式進行次要的應用，才能為所有電力系統利害關係人創造額外的價值。

　　解答儲能方程式的兩邊，左邊是成本、右邊是價值，希望連接此公式的符號是「<」，但是只解決方程式的左邊—降低成本—並不會自動導致創造一個蓬勃發展的儲能生態系。儲能在現有的電力市場中早已經開始扮演了重要得角色，儘管儲能技術具有利於電力系統從發電到最終使用之各個環節的能力，但它仍然難以有效地花費部署大量儲能來使用。可以預期未來儲能成本勢必如同澳洲再生能源署(the Australian Renewable Energy Agency，ARENA)於 2015 年報告(AECOM-Energy Storage Study)中所預測的—某些電池儲能技術到 2020 年前會有 40～60%成本的價格暴跌(例如鋰離子電池下跌 60%、液流電池下降 40%)。

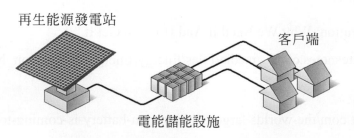

圖 1-7　再生能源併儲能設施電網示意圖

參考文獻

1. http://zh.wikipedia.org

2. http://teachertpc.pixnet.net

3. http://blog.sinawmcn.Power to Gas, http://blogs.worldwatch.org

4. Sabihuddin, S.; Kiprakis, A. E.; Mueller, M. (2015) "A Numerical and Graphical Review of Energy Storage Technologies", Energies 8-1, pp.172-216.

5. 謝錦隆(2005)，"島嶼再生能源系統與場址評估"，核能研究所報告，INER-A0754H

6. 日本富士經濟(2014)，"エネルギー・大型二次電池・材料の将来展望 2014 動力・電力貯蔵・家電分野編" 日本富士經濟東京市場調查報導。

7. Eyer, J.; Corey, G. (2010). "Energy Storage for the Electricity Grid: Benefits and Market Potential Assessment Guide", Sandia National Laboratory Report, SAND2010-0815.

8. "Energy Innovation: Why We Need It And How To Get It,"，http://www.gatesnotes.com/~/media/Files/Energy/Energy_Innovation_Nov_30_2015.pdf？la＝en。

9. http://inhabitat.com/the-worlds-largest-lithium-ion-battery-is-coming-to-southern-california-edison/aes-storage/。

10. http://www.prnewswire.com/news-releases/sc-to-build-one-of-the-largest-energy-storage-systems-in-ohio-300142356.html。

11. http://www.energy-storage.news/news/nextera-ceo-energy-storage-driving-tremendous-growth-could-soon-replace-pea。

12. The Economics Of Battery Energy Storage，Rocky Mountain Institute，2015，http://www.rmi.org/Content/Files/RMI-TheEconomicsOfBatteryEnergyStorage-FullReport-FINAL.pdf。

2 CHAPTER

儲熱

儲熱概論

　　儲熱技術是一種用於能量調控的技術，其原理係藉由儲能材料將暫時不用或是多餘的能量儲存於儲熱系統中，等待能量有需求時，再將能量由儲熱系統中取出並釋放，以滿足需求。因此，儲熱系統在運轉過程時主要可由三大部分所組成：能量供應端、能量需求端及儲熱系統，其三者之間的能量傳遞關係示意圖如圖 2-1 所示。儲熱系統在運轉過程中首先將能量供給端所提供的能量先行儲存於儲熱系統，待能量需求端有負荷需求時，再將其所

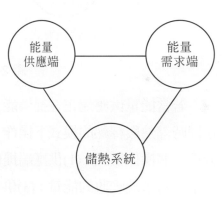

圖 2-1　儲熱系統架構示意圖[1]

儲存的能量釋出以供負載使用。在能量傳遞過程中儲熱系統是藉由能量傳遞元件的協助達成系統操作，透過能量傳輸元件的運作，能量可在供應端、儲熱系統以及需求端間進行傳遞，使整體系統能量達到供需平衡的狀態，因此儲熱系統可視為能量供應端以及能量需求端之間的能量暫存區(buffer)。

儲熱系統在不同操作條件下的運轉模式可分為儲熱模式(charge mode)、釋熱模式(discharge mode)以及同時儲熱釋熱模式(simultaneous charge and discharge mode)等三種模式,當儲熱系統於儲熱模式下操作時,能量需求端並不作動,如圖 2-2(a)所示,能量供應端所輸出之能量藉由傳輸元件傳遞至儲熱系統後,儲熱系統即將能量供應端所提供之能量進行儲存;當儲熱系統於釋熱模式下操作時,如圖 2-2(b)所示,此時能量供應端並不輸出能量,儲熱系統將其所儲存的熱量釋放,藉由傳輸元件傳遞至能量需求端後,供給能量需求端負載使用。

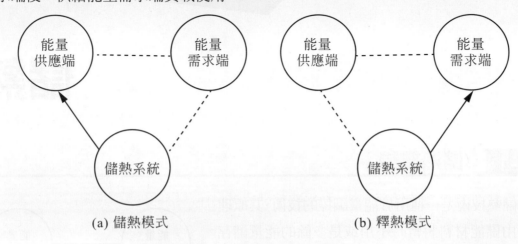

(a) 儲熱模式　　　　　　　　　　　　(b) 釋熱模式

圖 2-2　儲熱系統運轉示意圖[1]

若當能量供應端正在提供能量,能量需求端也同時需要使用能量時,儲熱系統即在同時儲熱與釋熱的模式下操作。此時依照供應端與需求端間的能量供需狀況可再細分為三個操作模式:(1)供應端提供的能量大於需求端吸收的能量;(2)供應端提供的能量小於需求端吸收的能量;(3)供應端提供的能量等於需求端吸收的能量。當供應端提供的能量大於需求端吸收的能量時,如圖 2-3(a)所示,供應端所提供能量一部份輸送至儲熱系統中儲存,另一部份的能量則傳遞至能量需求端供負荷使用;當供應端提供的能量小於需求端吸收的能量時,如圖 2-3(b)所示,供應端所提供的能量除了全數輸送至需求端使用之外,儲熱系統也會釋放其儲存能量以滿足需求端負荷需求;若供應端提供的能量等於需求端吸收的能量時,如圖 2-3(c)所示,在不需要使用儲熱系統的狀況下,供應端提供的能量直接傳遞至能量需求端供負載使用。

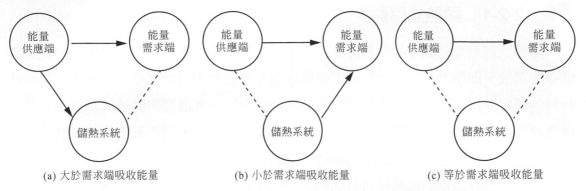

(a) 大於需求端吸收能量　　　　(b) 小於需求端吸收能量　　　　(c) 等於需求端吸收能量

圖 2-3　儲熱系統同時儲熱釋熱模式下運作示意圖，儲熱端供應能量[1]

2-2　儲熱技術與原理

　　在儲熱系統的設計之中，能量的儲存媒介為儲能材料，儲能材料依照儲存能量方式的不同，可以分為顯熱儲能與潛熱儲能材料兩種，前者利用儲能物質溫度變化所造成的顯熱作為儲存能量的方式，後者則是利用儲能物質型態改變所造成的潛熱(如固體轉為液體)作為能量的儲存方法。利用顯熱儲能材料作為儲能物質的系統即為顯熱儲熱系統，同理，採用潛熱儲能材料者即為潛熱儲熱系統，以下針對顯熱儲熱系統與潛熱儲熱系統進行介紹。

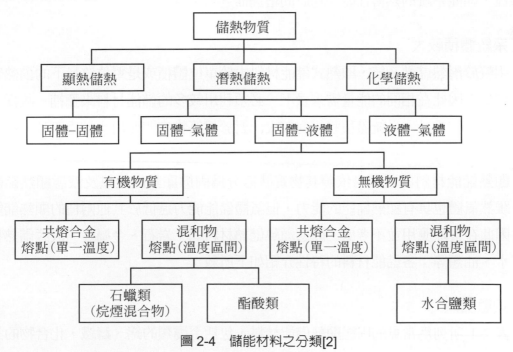

圖 2-4　儲能材料之分類[2]

2-2-1 顯熱式儲熱

顯熱式儲熱是最簡單的儲熱方式，其主要是利用儲能物質溫度的變化進行能量的儲存與釋放，即儲熱材料在操作溫度範圍內並不會發生物質狀態變化，僅表現為儲能材料的溫度升高或降低。當顯熱儲能物質儲存能量時，其溫度將隨著儲存能量的增加而逐漸提高，當儲能物質釋放出儲存能量時，儲能物質溫度將逐漸下降。顯熱式儲熱其儲能效果與儲熱材料的比熱密切相關，一般而言，比熱越高的儲熱材料其顯熱儲熱性能越好，比熱越低的儲熱材料其顯熱儲熱性能越差，顯熱式儲熱雖然簡單，但是其所能吸收的熱量相對較少，且儲能密度較低，因此採用此種儲熱方式時往往需要較大體積的儲存槽。一般而言，採用顯熱儲能設計的系統具有以下的特點：

一、熱傳性能逐漸下降

當應用顯熱式儲熱系統進行儲熱時，系統儲熱量逐漸增加將使得儲能材料的溫度持續上升，若熱源溫度為定值時，由於熱源與儲能物間的溫差逐漸減小，系統的熱傳導率也將隨著時間增加而降低，造成儲能運轉愈形困難。同理，當系統進行釋熱運轉時，儲能物質的溫度隨著釋熱過程進行而逐漸下降，造成儲能物質的溫度逐漸趨近能量需求端的溫度，也將導致釋熱過程中的熱傳率逐漸減少，因此無論儲熱過程或是釋熱過程，儲能系統的熱傳性能均隨時間增加而逐漸降低。

二、系統體積較大

相較於潛熱儲熱系統，顯熱式儲能材料由於單位體積或是單位質量下的儲熱容量相對較低，因此在相同的能量需求量下，必須利用較多的儲能材料來彌補，故採用顯熱儲熱的系統設計，系統體積將相對較大，對於建築物空間使用也較為不利。

顯熱儲能材料的種類可依照其物質狀態分為固態顯熱儲能以及液態顯熱儲能兩種，雖然氣體也具有顯熱儲能的能力，但氣體儲能能力遠低於其他兩種的顯熱儲能型式，因此在實際應用並不考慮。固態顯熱儲熱材料如：岩石、金屬等，液態儲熱物質如：水、油類等；各儲能材料的特性介紹如下所敘：

一、固態儲熱

表 2-1 所列為常見的固態顯熱儲能材料，包括金屬類的鋁、鑄鐵，化合物的氯化

鈣、氧化鎂、碳酸鈉以及自然界常見的卵石，其中也列出各材料的相關熱物理性質。對於固態儲能材料而言，單位體積或是單位質量下的儲熱密度是其選用時的主要評比重點，單位質量下的儲熱密度定義為單位元質量下儲能材料溫度每提升 1℃所需要的能量，亦即固態儲能材料的比熱，而單位體積的儲熱密度 d_v 定義為單位體積下儲能材料溫度提升 1℃所需要的能量。

表 2-1 中亦列出不同固態儲熱材料單位體積下的儲熱密度。由表中的結果顯示，同樣的體積的鑄鐵儲能量是氯化鈣的兩倍，同時也比常見的卵石高出 30%，然而其重量卻是鋁或是卵石的三倍以上，若採用卵石為儲能材料雖具有較高的儲能密度，但也將使得儲能系統的搬運與安裝較為困難，因此在選用固態儲能材料除了考慮儲能密度之外，材料重量的影響也應一併納入評估。

表 2-1　固體儲熱物質之物理性質[3]

名稱	比熱(kJ/kg-K)	密度(kg/m³)	能量密度(kJ/ m³)
鋁	0.88	2700	2376
氯化鈣	0.67	2510	1681.7
氧化鎂	0.96	3570	3427.2
硫酸鉀	0.92	2660	2447.2
碳酸鈉	1.09	2510	2735.9
鑄鐵	0.46	7754	3566.84
卵石	0.71～0.92	2245～2566	1593.95～2360.72

二、液體儲熱

表 2-2 所列為常見的液態顯熱儲能材料，包括醇類、烷類以及最常見的水。對於液態儲能材料而言，雖然單位體積或是單位質量下的儲熱密度是主要的評比重點，但液態材料的沸點也是需要特別注意的地方。除了需注意應用場合的溫度必須低於液體材料的沸點之外，在液體儲能材料過程中，雖然溫度未達其沸點，在高溫狀態也將有部分的儲能物質蒸發為氣體，使得儲能槽在儲熱過程中槽內壓力增高，因此儲能槽的設計必須考慮是否足以承受液體在高溫狀態下的蒸氣壓力，保障系統安全。

在液態顯熱儲能材料之中，水是最為常用的材料，如表 2-3 所示。由於水具有取得方便、物理與化學性質安定、對人體無毒性、不具可燃性且價格便宜等優點，同時水的比熱以及密度相對較高，因此廣泛使用於一般的顯熱儲能場合中，如太陽能熱水器或空調系統儲冷等領域，同時水本身也可作爲傳熱流體，在大部分的應用場合之中均可以直接使用，或是以水作爲傳熱流體，透過熱交換器將儲能槽中的能量取出使用。

表 2-2　液態儲熱物質之物理性質[3]

名稱	沸點 (℃)	比熱 (kJ/kg-K)	密度 (kg/m³)	儲能密度 (kJm⁻³℃⁻¹)	沸點 (℃)
水	100	4.2	1000	4200	100
乙醇	78	2.4	790	1896	78
丙醇	97	2.5	800	2000	97
異丁醇	100	3.0	808	2424	100
辛烷	126	2.4	704	1690	126

表 2-3　以水為儲熱物質之優缺點

優點	缺點
豐富，易取得	表面張力低(易漏)
費用低	凝固而有破壞性膨脹
無毒	能量輸送不是等溫
不可燃	
傳送性質優越	
比熱高	
密度高	
腐蝕性低	

 2-2-2　潛熱式儲熱

　　潛熱式儲熱是一種較爲困難之儲熱技術，其同樣利用儲熱材料吸收熱量，但是在吸收熱量的過程中，主要是透過儲能物質型態改變的潛熱來儲存或釋放能量。當儲能物質產生相變化時，熱量以潛熱的方式被吸收或釋放，因此能夠在較小的溫度範圍內儲存或釋放大量的熱量。而利用潛熱式儲熱方式時所用的儲熱材料不能隨意挑選，需要經過多方面考量才能確定，其關鍵點在於儲熱材料的相變點及伴隨出現的相變現象的可控性，相變點不宜過高也不宜過低，若是相變點過高，則儲存熱量時相變化不易發生；若相變點過低，則釋放熱量時相變化不能及時發生。相變現象一般分為固態變液態、液態變氣態及固態變氣態等，由於氣態物質對密封性和耐壓性能要求比較高，因此在實際應用上較為少見，目前常見的潛熱式儲熱材料為固液相變方式的儲熱技術，潛熱式儲能設計的儲能系統具有以下之優勢：

一、能量儲存或釋放為恆溫過程

潛熱儲能系統係以其儲能物質於形態變化時所吸收的熱量做為儲能方式，儲能物質形態變化過程中，由於熱量被分子間的鍵結所吸收，因此儲熱物質的溫度不會隨著儲熱量的增加而上升，因此在儲熱或是釋熱時，儲能物質的溫度均維持恆定或僅有些微變化，可避免因儲能物質溫度改變而導致能源需求端與儲能物質間熱導率下降的問題。

二、高儲熱容量

一般而言儲能材料的顯熱比熱與潛熱間的比值可達十倍左右，因此在同樣的體積下，採用潛熱儲能的系統所能夠儲存的能量將遠大於顯熱儲能的系統，若加上顯熱儲熱所能夠儲存的能量，採用潛熱儲熱的儲能系統，在相同的溫升條件下，系統儲能容量將可達到顯熱儲熱的二至四倍以上，由此可知潛熱儲熱具有高單位的儲熱能力，其優勢可見一斑。

三、儲能系統體積大幅減小

由於潛熱儲熱具有高單位的儲能能力，在單位體積下可以儲存的能量遠較顯熱儲熱為高，因此在同樣的系統體積下，相變儲熱系統可應用在負載需求較大的場所，或是在同樣的能源需求下，儲熱系統的體積就可以大幅減小，可使系統空間的使用更有效率。

潛熱儲能材料依照型態變化(相變化)方式的不同可以分為固－固、固－液(融化與凝固)、液－氣(蒸發與冷凝)以及固－氣(昇華與凝華)等三種方式。固－固相變的潛熱材料是利用儲能物質晶格改變的方式進行能量的儲存與釋放，而其餘三種型式是由於儲能物質分子間的鍵結狀況改變，達到能量儲存或釋放的功能。在前敘四種相變化的型式中，液－氣與固－氣儲能材料在相變過程中將伴隨著氣體的產生，槽體空間所需的容積極大，在實際的儲能系統設計中並不加以考慮，而固－固相變雖然沒有體積過大的問題，但其相變潛熱相對較小，因此大部分潛熱儲熱所設計之系統，皆採用固－液相變的型式。

圖 2-4 所示為固液相變材料的分類圖。固－液潛熱儲能材料主要可分為有機類與無機類兩種，在優點方面，有機類的儲能材料對系統容器與管路結構較為相容、相變化過程中過冷度較低或是沒有、化學及物理性質都相當安定；無機類者則具有相變潛熱較大的優勢，在缺點方面，有機者的相變潛熱及熱傳導係數較低，而無機者在相變過程中會有過冷及相分離等現象，因此其物理性質較不穩定。有機類與無機類相變儲能材料可再細分為包括石蠟類、酯酸類、水合鹽類及共熔合金類四種，以下針對常見的潛熱儲能材料進行介紹。

1. 石蠟(paraffin waxes)

如圖 2-5 所示，石蠟主要是由直鏈碳氫化合物所組成，一般化學式可表示成 C_nH_{2n+2}，由於石蠟具有相當優秀相變化儲熱特性，包括潛熱大、相變化速率快、無毒性以及化學性穩定，因此目前已廣泛受到重視。常見的石蠟類材料及其熱物理性質如表 2-4 所示。當石蠟溫度略比熔點高時，石蠟呈現質地柔軟富塑性的針狀結晶；當其溫度略低於熔點時，石蠟晶體呈現硬脆的圓盤狀結晶，這兩種同素異構物轉變為可逆過程，因此石蠟的相變化可逆性相當好，且石蠟屬於等熔點介質，其凝固過程中不會產生過冷現象，然而同質量的石蠟在固態與液態時的體積大約有 10% 的差異，在應用石蠟作為儲能材料時，儲能槽的設計必須考慮石蠟體積變化所產生的影響。

圖 2-5 石蠟實體圖

表 2-4　石蠟類相變材料之物理性質[4]

		Paraffin 6106	P116	Paraffin 5838	Paraffin 6035
熔點(℃)		42～44	45～48	48～50	58～60
熔化熱(kJ/kg)		189	210	189	189
密度(kg/m³)	固體	910	817	912	920
	液體	765	786	769	795
比熱(kJ/kg-K)		2.1	2.89	2.1	2.1
熱傳導係數 (W/m-K)	固體	0.21	0.138	0.21	0.21
	液體	0.21	0.138	0.21	0.21

2.　酯酸

酯酸為有機化合物，其一般化學表示式為 $CH_3(CH_{2n})_{2n}COOH$，酯酸類以其化學式中的碳鍵之碳原子個數作為命名原則，而酯酸碳鍵的長度並不一定與熔點有關，常用的酯酸熔點大約在 10℃～70℃的範圍之內，可應用於較為低溫的儲熱系統。酯酸以具有相變循環性佳與僅有或是幾乎沒有過冷現象著名，因此相當適合於相變儲熱系統中使用，常見的酯酸類的材料及熱物理性質，如表 2-5 所示。

表 2-5　酯酸類相變材料之物理性質[4]

		Lauric Acid	Myristic Acid	Palmitic Acid
熔點(℃)		43.2	54	63
熔化熱(kJ/kg)		178	187	187
密度(kg/m³)		910	844	847
比熱(kJ/kg-K)	固體	1.6	1.6	—
	液體	1.6	2.7	—
熱傳導係數 (W/m-K)	固體	—	—	—
	液體	0.147	0.138	0.165

3. 水合鹽

水合鹽一般由金屬鹽類與結晶水組合而成，其化學式通常可表示為 $M \cdot (H_2O)_n$，常見的水合鹽類的材料及熱物理性質如表 2-6 所示，由於其潛熱值較一般相變物質為高，因此為重要的儲熱物質，但水合鹽的主要缺點為其相變可逆性較差，在水合鹽的儲熱過程中，水合鹽是以減少結晶中含水量的方式吸收熱能予以儲存，由於水分減少後的鹽類密度高於水者，因此將產生鹽類沉澱的現象(亦稱為相分離)，此時在槽體底部的水合鹽類在釋熱過程中將無法再與上方的水分結合，使其儲熱與釋熱過成為不可逆，造成儲能系統使用時間愈長，而可有效持續儲熱與釋熱的儲能物質也將愈少，因此有時必須利用機械攪拌、超音波混合或加入媒介物的方式減少相分離的現象發生，提高系統性能。

表 2-6　一些水合鹽類相變材料之物理性質[4]

		$Zn(NO_3)_2 \cdot 6H_2O$	$Na_2S_2O_3 \cdot 5H_2O$	$NaCH_3COO \cdot 3H_2O$
熔點(℃)		36.4	48	58
熔化熱(kJ/kg)		147	201	226
密度(kg/m³)	固體	2065	1730	1450
	液體	—	1670	1280
比熱(kJ/kg-K)	固體	1.34	1.46	2.79
	液體	2.26	2.39	2.79
熱傳導係數(W/m-K)	固體	—	—	0.6
	液體	—	—	0.6

水合鹽類在釋熱凝固過程中所產生的過冷現象也是需要克服的問題。水合鹽在到達其凝固溫度時並不會立刻開始凝固，而是直到溫度低於凝固點後才會開始發生成核進而釋放其所具有的潛熱熱能，此時儲能物質溫度才會回到凝固溫度繼續釋放潛熱，此凝固延遲的現象即稱為過冷。過冷現象水合鹽不易產生凝固過程，有時必須加入成核觸媒或藉由超音波方法促使成核解決過冷問題。

4. 共熔合金(Eutectics)

共熔合金是由兩個或更多的鹽類所組成的混合物，分為有機混合物與無機混合物兩類，其有固定的熔點與凝固點，且熔化性能與水合鹽類物質相似，常用在熱能儲存應用上。一些常見的共熔合金類相變物質，如表 2-7 所示。

表 2-7　一些共熔合金類相變材料之物理性質[4]

		Propionamide(25.1%) and Palmitic Acid(74.9%)	$Mg(NO_3)_2 \cdot 6H_2O$(53%) and $MgCl_2 \cdot 6H_2O$(47%)	$Mg(NO_3)_2 \cdot 6H_2O$(53%) and $Al(NO_3)_2 \cdot 9H_2O$(47%)
熔點(℃)		50	59.1	61
熔化熱(kJ/kg)		192	144	148
比熱 (kJ/kg-K)	固體	—	1.96	1.34
	液體	—	2.40	3.16

2-2-3　儲能型式的選用與設計

在儲能系統型式選用的過程中，可從以下幾個觀點進行考慮：

一、系統安裝空間

儲能系統的儲能密度與其所需要的儲存能量以及系統尺寸有關，由前述的顯熱儲能以及潛熱儲能的說明中可知，潛熱儲能所具有的儲能密度遠高於顯熱儲能者，當儲能系統的所需的儲熱量較高，且系統安裝場所的空間較為受限時，採用高儲能密度的潛熱儲能系統，將較顯熱儲熱更具優勢。

二、溫度控制要求

顯熱儲熱系統的儲能物質溫度隨著其內部儲存能量的多寡而有所改變，當能源供應端所提供的能量隨時間改變時，儲能物質的溫度也將隨之變化，而潛熱儲熱系統可以利用恆溫相變的特性吸收能源供應端所提供的能量，在儲能與釋能過程中，儲能物質溫度將不會改變或改變幅度甚小，可達到溫度控制的目的。

三、熱交換器設計

雖然潛熱儲熱具有高密度的儲熱能力，但由於其物質狀態在儲能或是釋能過程中將有所改變，因此儲能材料通常並不直接輸送至能源需求端進行使用，而必須透過熱交換器的協助，採用間接的方式取用儲能材料中的能量，由於在熱交換的過程中必須透過熱交換器才能達成，使得熱交換次數增加，造成系統熱交換效率降低。雖然顯熱儲熱的儲能密度較低，但採用顯熱儲熱做爲系統設計時，系統使用的儲能物質可以直接給使用者取用，則可以避免熱交換器造成的熱導性能降低問題，如太陽能熱水器儲冰桶中的熱水可以直接利用水路傳送至使用者處使用，減少熱交換次數，提升能量使用效率。

四、熱傳能力

採用潛熱儲熱除了有前述熱交換器的問題之外，大多數的潛熱儲能材料的熱傳導係數(thermal conductivity)也較低，因此必須對於熱交換器的性能進行提昇，因此在採用潛熱儲能的系統設計時，必須謹慎考慮儲能物質因型態不同導致熱傳機制改變以及熱傳性能的影響。

2-3 應用與試算

儲熱系統主要是將能量供應端所提供的熱能儲存於儲能系統中，待能量需求端有負荷需求時，再將儲能系統中所儲存的熱量釋放至能量需求端，以滿足熱量的需求。常見的儲熱系統應用如太陽能集熱器，其主要由集熱板、儲水桶及其他配件所組成，於太陽能集熱器應用中，陽光的輻射爲能量供應端，熱水的使用則爲能量需求端，儲能系統則由集熱板與儲水桶所組成。太陽能集熱器依照流體驅動方式的不同主要可區分爲自然對流式與強制對流式兩種。

自然對流式太陽能集熱器如圖 2-6 所示，主要是利用集熱板內部與儲水桶中兩處水流溫度的不同所造成的浮力做爲驅動力，當日間陽光充沛時，陽光的熱輻射照射於集熱板，集熱板內的水受到陽光輻射加熱後與儲水桶內的水產生溫度差，集熱板內的水因溫度較高、密度較低，因此藉由浮力向上流動至儲水桶內，而儲水桶內下方溫度較低的水受到上方熱水的推擠與重力因素，而回流至集熱板下方繼續吸收太陽的熱量，儲水桶內的水依此不斷的重複循環，並將太陽輻射的熱量儲存於儲水桶內，而達到儲熱的目的。

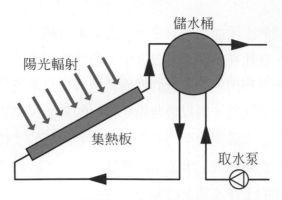

圖 2-6　自然對流式太陽能集熱器示意圖[1]

　　強制對流式太陽能集熱器如圖 2-7 所示，主要是透過循環泵浦的推動力，讓水可以在集熱板內與儲水桶內進行循環。當日間陽光充沛並照射在集熱板時，集熱板內的水受到陽光輻射加熱後，藉由循環泵浦的推動力回流至儲水桶內，而儲水桶下方的低溫水流受到上方進入水流的推擠及水泵的導引，再循環至集熱板下方繼續吸收熱量，儲水桶內的水依此不斷的重複循環，並將太陽輻射的熱量儲存於儲水桶內，而達到儲熱的目的。

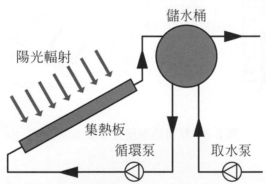

圖 2-7　強制循環式太陽能集熱器示意圖[1]

　　而在以上兩種不同太陽能集熱器的比較上，自然對流集熱器利用浮力與重力做為系統的驅動來源，因此不需要有任何的主動元件，在長期使用的可靠度相當值得信賴，但由於浮力所驅動的水流速度較為緩慢，因此集熱板內的熱傳係數較低，導致太陽能集熱器的集熱效率較差。而強制對流式太陽能集熱器因為有循環泵浦的驅動，在集熱板內的熱傳係數也較自然對流式高，因此強制對流式具有較高的儲熱效率。但由於需要循環水泵驅動系統內部水的流動，因此增加了額外的電力消耗，當水泵運轉時並會產生噪音與維修上問題，且當停電或泵浦故障時系統將無法操作，因此強制對流式在長期使用上的可靠度較自然對流式來的差。

　　除了以上兩種型式的太陽能集熱器之外，近年來有利用熱管應用於太陽能集熱器的設計如圖 2-8 所示，在此種集熱器的設計中，熱管外部設置板狀鰭片的設計做為太陽能集熱器的集熱片，並利用熱管優越的熱傳特性以提升系統性能，該集熱器的設計是利用熱管下半部做為蒸發段，用以吸收陽光輻射的熱能，熱管的上半部則做為冷凝段並設置於儲水桶中，當太陽照射至集熱板後，熱管內部的工作流體吸熱蒸發為氣態並向上流動至上半部，此時熱管上半部中內部氣態的工作流體將熱量釋放至儲水桶內的水，同時熱管內氣態的工作流體並冷凝成液態，藉由重力回流至熱管下半部繼續吸熱，而完成一循環，儲水桶內的水則藉由熱管內部工作流體的不斷循環，逐漸的被加熱並完成儲熱的目的。

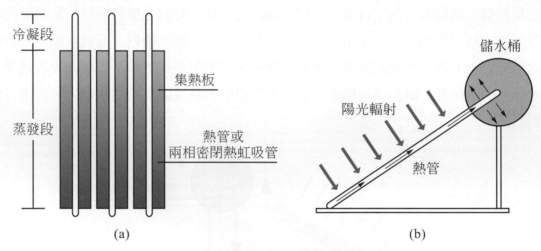

圖 2-8　熱管應用於太陽能集熱器[1]

1. 請說明儲熱技術的原理。

2. 請簡述儲熱系統與能量供應端及能量需求端三者之間的能量傳遞關係。

3. 請簡述儲熱系統的運轉模式。

4. 請簡述儲熱系統的儲熱運轉模式。

5. 請簡述儲熱系統的釋熱運轉模式。

6. 請依照儲能材料儲存能量方式的不同，簡述顯熱儲能與潛熱儲能兩種儲熱系統的差異。

7. 請簡述顯熱儲能系統的優點。

8. 請簡述潛熱儲能系統的優點。

9. 試各例舉數種顯熱與潛熱儲能材料種類。

10. 請簡述儲能系統型式選用的原則。

參考文獻

1. 陳柏任,"應用熱管於儲能系統之研究", 國立台灣大學機械工程研究所博士論文,2007 年.

2. Abhat, A., "Low Temperature Latent Heat Thermal Energy Storage: Heat Storage Materials", Solar Energy, Vol. 30. no.4, pp. 313－332, 1983.

3. Kreith, F., and Kreider, J. F., "Principles of Solar Engineering", Hemisphere Pub. Corp., Washington, 1978.

4. 林茂青,"兩相密閉熱虹吸熱管儲熱系統之性能研究", 國立台灣大學機械工程研究所博士論文,2003 年.

3

CHAPTER

儲冰蓄冷

3-1 儲冰空調概論

　　台灣夏季空調負載佔全部用電比例約 40 %，尤其夏季尖峰時刻，為了維持溫溼度要求，需更多的空調機組提供空調使用，再加上照明、電腦、電梯等電化設備使得尖、離峰電力需求差距加大。儲冰式空調系統是轉移尖離峰用電負荷的一種方法，冰水主機在夜間離峰時以便宜的電價製冰儲存，再於次日將冰融化以釋放冷能，提供空調負荷所需，藉此可以平衡日夜間時刻的用電量，不但節省系統操作空調機組的電費，同時亦能轉移尖峰電力需求，因此廣泛使用於商業大樓與工業廠房。儲冰式中央空調系統主要有下列幾項優點。

一、轉移尖峰用電

　　利用夜間或非尖峰時段運轉主機製冰儲能至白天或尖峰時段使用，可降低日夜用電量的差異，具有平衡電力負載之功能。

二、降低基本電費

　　如某工廠生產設備用電 100kW，空調用電 100kW，若採傳統空調冰水機組，則其申請的電力契約容量為 200kW。若使用儲冰空調，由於設備用電與儲冰系統運轉時間錯開，當生產設備用電停止使用後，其電力轉移供冰水主機運轉儲冰，因此基本電費之契約容量仍然為 100kW，因此可以有效降低契約容量與基本電費。

三、節約流動電費

利用二段式或三段式時間電價，享受電費差價措施。儲冰空調系統利用夜間便宜電價儲置日間所需的冷能，可以降低日間用電負荷，進而節省流動電費。

四、降低主機容量

傳統空調系統，冰水主機之容量選定是以尖峰負荷為依據，但實際上尖峰負荷全年不超過六十天，主機絕大部分時間是在部分負荷下運轉。在春秋季節時，負荷可能更低至 50%以下，造成主機性能下降以及能源的浪費。採用儲冰系統時主機選用可以參考空調的平均負荷，大幅降低主機容量。

五、高運轉效率

主機滿載運轉至儲冰完成，機組完全在全載(或幾乎全載)的高效率狀況下運轉，避免主機於低效率的卸載情況運轉，有助於節省能源。

六、低溫冰水供應

一般空調主機的冰水出水溫度約為 7℃左右，而儲冰空調系統的冰水出水溫度可以保持在 4℃甚至 0℃的範圍之中，在相同的外氣條件下可以大幅提昇空調系統的除濕能力，供應低溫乾燥的空氣，在相同室溫條件下，可減少空調系統的供風量及冰水流量，降低風車馬力及水泵消耗，減少能源消耗。

七、良好的空氣品質

儲冰空調系統的冰水盤管管排較一般傳統空調系統者多出一倍，當空氣通過盤管進行熱交換時，由於管排的數目增多，且管排表面因空氣除濕而隨時保持濕潤，使得冰水盤管形成類似空氣洗滌器(air washer)的功能，因此空氣中的細菌、黴菌及灰塵等顆粒，將不易進入空氣之中，可提高室內的空氣品質。

八、具彈性擴充功能

在機組能力不變的情況下，只要將運轉時數拉長，即可增加空調能力，彈性運用自如。

3-2 儲冰空調技術原理

　　儲冰式中央空調系統的觀念主要是將日間空調負荷轉移至夜間離峰時間，藉此利用夜間便宜的電價製冰，以供次日空調負荷使用，不但節省系統操作空調機組的電費，同時亦能抑制尖峰電力需求，因此廣泛使用於商業大樓與工業廠房。儲冰空調系統主要由冷卻水塔、儲冰主機、儲冰槽、儲冰泵浦、板式熱交換器、融冰泵浦、冰水泵浦及空氣系統等元件所組成如圖 3-1 所示，儲冰空調技術原理主要是藉由儲冰主機在夜間離峰時以便宜的電價製冰儲存於儲冰槽內，再於次日將儲冰槽內的冰融化以釋放冷能，提供空調負荷所需，藉此可以平衡日夜間時刻的用電量，不但節省系統操作空調機組的電費，同時亦能轉移尖峰電力需求。

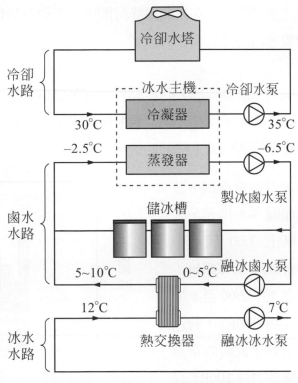

圖 3-1　儲冰空調系統架構圖

　　當儲冰模式進行時，鹵水於儲冰主機的蒸發器內與冷媒進行熱交換並吸收冷媒的冷能，之後再藉由儲冰泵浦將鹵水輸送至儲冰槽內與水進行熱交換，儲冰槽內的水吸收鹵水的冷能後，逐漸的由水轉換成冰，並藉由此過程將能量儲存於儲冰槽。當融冰模式進行時，鹵水進入儲冰槽將能量帶出，並至熱交換器與冰水進行熱交換，冰水於熱交換器吸收鹵水的冷能後，再進入到空調負載區將冷能釋放，而鹵水於熱交換器吸收冰水的熱量後，再將此熱量帶至儲冰槽內與冰進行熱交換，而儲冰槽內的冰吸收鹵水的熱量後則逐漸的融化，而完成融冰過程。

　　儲冰空調系統依照系統轉移尖峰空調負荷至離峰儲冰的能力，可分為全量儲冰和分量儲冰兩種，而依照運轉模式又可分為主機優先和儲冰優先兩種模式。

1. 全量儲冰

   主要將日間所需之空調能量，在夜間離峰時間內全部儲存於儲冰槽內，於隔日融冰釋放冷能以吸收室內的熱負荷。

2. 分量儲冰

   於夜間或離峰時間內，僅儲存部分的空調負荷容量於儲冰槽內，待於隔日空調時間，主機優先運轉供冷，不足部分則以融冰輔助供冷；或是優先以儲冰槽能量冷卻室內負荷，不足部分則啟動主機輔助供冷。

　　以某辦公大樓的設計案例為例，該大樓的空調負荷曲線如圖 3-2 所示，大樓的使用時間為在早上 7:00 到下午 5:00，總共需要的冷凍量為 750RT-hr，空調負荷的尖峰出現在下午 2:00 至 4:00 之間，所需的冷凍噸達到 100RT，若以傳統空調系統進行設計時，此時的空調主機即至少需選用冷凍能力為 100RT 以上者。當採用全量儲冰時，如圖 3-3 所

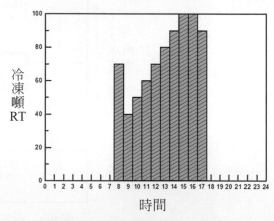

圖 3-2　某大樓之負載分佈圖[1]

示，750RT-hr 的冷凍量(白色區域)在下午 5:00 至隔日上午 7:00 之間大樓未使用的 14 個小時(藍色區域)內必須完全儲冰儲存，因此平均的冷凍噸為 53.6RT，亦即主機容量可以降低為 53.6RT 即可因應該大樓的空調負荷，與原本傳統系統必須採用的 100RT 相比，可節省大量的電能費用。

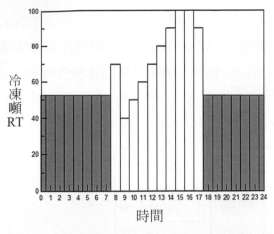

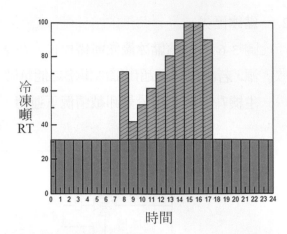

圖 3-3　採用全量式儲冰時，儲冰系統冷凍噸　　圖 3-4　採用分量式儲冰時，儲冰系統冷凍噸
　　　　 與負載之變化圖[1]　　　　　　　　　　　　 與負載之變化圖[1]

　　當採用分量儲冰的設計時，如圖 3-4，則 750RT-hr 的冷凍量即平均分配到 24 小時之中(藍色區域)，當空調負荷大於儲冰槽提供的冷凍能力時，不足的冷能即由主機提供(紅色部分)，此時平均的冷凍噸可再降低為 31.25RT，相較於傳統系統設計，冰水主機的製冷能力可以降低 50%至 60%，用電費用大幅減少。由於臺灣所制定的離峰時間僅有 9 小時，若採用全量儲冰模式，將會使得主機容量過大而造成初期投資費用過高無法回收的情況，一般工程設計均採分量儲冰模式。

　　儲冰系統的操作模式可分為主機優先與儲冰優先兩種：

1.　主機優先

　　圖 3-5 所示為主機優先運轉模式。在空調時間，主機作為主要冷源供應固定的冷量，不足部份再以融冰補充，負荷區的回水與主機測的鹵水在熱交換器裡交換能量，在此模式下，主機於日間是不同的全載運轉。

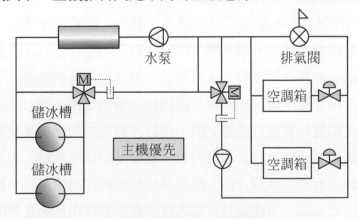

圖 3-5　主機優先系統配置圖

2. 儲冰優先

圖 3-6 所示為儲冰優先運轉模式。在空調時間，儲冰槽融冰釋放冷能作為主要冷源，若冷房負荷超出儲冰供應之能量時，再由主機供應補足。在儲冰優先模式下，主機在日間大部分是卸載情況下運轉。

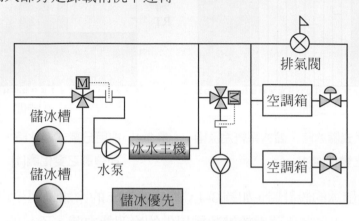

圖 3-6　儲冰優先系統配置圖

　　儲冰槽為儲冰空調系統中一重要元件，於製冰時間所儲存的冷能均儲存於儲冰槽內，始能於空調時段供應冷房負荷所需，而儲冰槽的儲能與釋能也因與主機的匹配或管路的安排，而具有不同的熱傳性能。目前空調系統上所使用的儲冰槽種類眾多，依照儲冰槽內儲冷介質與二次冷媒之熱交換情形分類，可廣泛地將儲冰槽分為兩大類；鹵水循環系統與直接冷媒系統。

　　所謂鹵水循環系統，即使用一工作流體(鹵水)當作二次冷媒，一般最常使用的鹵水為含乙烯乙二醇之水溶液，藉由添加乙烯乙二醇可降低水溶液凝固溫度，避免水路中的水因低溫產生凝固而無法流動的情形。儲冰槽內儲冷介質之相變化過程，係經由與二次冷媒(鹵水)在儲冰槽內能量交換而達成，屬於此類的儲冰槽為：容器式與完全凍結式。而在直接冷媒系統中，儲冰槽內儲冷介質之相變化過程，係藉由直接與冷媒之交換而達成，始於此類之儲冰槽：冰盤管式、製冰滑落式與冰晶式等。

　　冰盤管式儲冰槽係將金屬管或塑膠管纏繞於一槽體之中，而以二次冷媒流經盤管內，並與盤管外之相變物質進行能量交換。由於冰盤管式的儲冰系統與儲冷水系統並無太大的差異，普遍地成為設計者和使用者所能接受的儲冰系統。冰盤管式的儲冰系統均由工廠生產製造而成一整體元件，相較其他類型的儲冷槽，具有較佳的品質穩定度，且型體簡單、效率高、與建築設備相容性佳而容易採用，與主機的匹配上，無論是採用主機優先之方式或是儲冰優先均為適用，冰盤管式之儲冰槽共有以下兩種型式：

外融冰式冰盤管儲冰系統：此種系統使用兩個環路系統，製冰鹵水系統負責連接主機和冰盤管，另一個管路系統用來連接冷卻水和負荷區。其操作原理為儲冰槽內裝置許多排列整齊的銅製盤管，而槽體可為金屬或混凝土製的開放槽。在製冰模式時，冷媒或二次冷媒被送入盤管之中，冷媒在管內流動與管外的水進行熱交換，使水結冰而達到儲冷的目的，並藉著冰層厚度控制器，控制當冰層成長到 1.5～2.0 吋後便停止製冰。融冰時，自負荷區回來的高溫回水自槽體的上方流下，與盤管外層的冰進行熱交換而降低溫度，再送至負荷區，由於融冰係由冰層外層向內進行，故又稱外融冰式，如圖 3-7 所示。其優點為可快速融冰、可產生 1～2℃低溫的水及可應用直接膨脹冷媒系統。其缺點為產生厚冰層將耗費相當多的能源、開放式的槽體增加了壓力平衡、水處理等問題的處理、避免冰橋現象的產生，需增加攪拌器，如空氣擾動器及由於使用兩個管路系統，較不適合分量儲冰模式的操作。

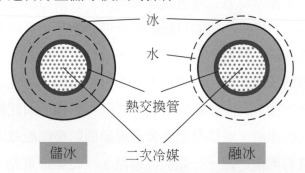

圖 3-7　外融冰式儲冰槽儲冰與融冰過程

內融冰式儲冰系統為使用一個鹵水管路系統以連接包括主機、儲冰槽和負荷端的整個系統，這種單管路系統使得內融冰系統成為最普遍的儲冰系統，因為此類型具有彈性的操作，低安裝成本和低的維護費用。內融冰式儲冰槽通常為模組化的整體，將負責製冰和融冰的盤管纏繞於桶內，桶內其餘的空間裝滿著水，桶內的水並不會離開槽體，盤管可為塑膠材料或是金屬材料。製冰時，經主機所冷卻的鹵水流進桶內的盤管，與管外的水進行熱交換，使水結冰而達到儲冷的目的。融冰時，較高溫的鹵水流過盤管內而將冰溶化。因此時融冰是由冰層內部向外進行，故又稱內融冰式，如圖 3-8 所示。其優點為可以多種運轉方式供設計者運用、利於分量儲冰模式操作、槽體由工廠一體製成，穩定度高及槽體單元化，可供用戶依所需容量而選用。其缺點為需使用鹵水作爲二次冷媒，額外耗費且熱傳損失大不易安置於停車場之地下層及建築物之筏基內。

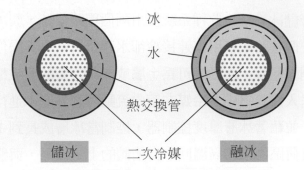

圖 3-8　內融冰式儲冰槽儲冰與融冰過程

　　製冰滑落槽是以水或其他相變物質填充於小型容器中，再將此容器置於儲冰槽中。製冰時，以低溫的二次冷媒進入儲冰槽內與容器式儲冰槽內相變化物質進行熱交換使其產生結冰。融冰時，通常以高於冰點溫度的鹵水進入槽內，融化容器式儲冰槽內的冰。其優點爲可多種運轉方式可供設計者運用、容器體積小，可配合各種形狀的儲冰槽，或是利用現存的建築物空間及槽體適合埋於地下，可節省使用空間。其缺點爲整個儲冰槽非由工廠統一製造，在儲冰系統失敗時，不易確定責任的歸屬。由於無法製成整體，安裝容器式儲冰槽時將消耗大量人力和時間。除此之外，大量容器式儲冰槽置於槽內，也會對鹵水的流動造成很大的壓降與影響，因此難以控制鹵水能平均地流過每一個容器式儲冰槽，並極易造成旁通現象而影響儲能效率。

　　冰晶式槽系統具有兩個迴路，一是製冰迴路，一是融冰迴路，並使用約 6%之乙烯乙二醇水溶液作爲儲冷介質。製冰迴路包括了蒸發器、冷凝單元和儲冰槽，於製冰時，溶液經過蒸發器後，將會發生相變化而形成許多均勻之微小冰粒類似冰泥狀，再回存於儲冰槽內。融冰迴路包括了負荷區和儲冰槽，於融冰時，溶液從槽體底部被泵送至負荷區，釋放冷能後再回到儲冰槽。冷凝單元必須一直維持在製冰狀態，否則當冰泥的溫度高於 0°C時，便會開始融化而喪失冷能。其優點爲允許設備可分別的彈性安置。其缺點爲一新技術，品質可靠度仍待驗證、整體系統較複雜及壓縮機的運轉始終維持在製冰狀態，造成主機效率不彰。

　　動態製冰式儲冰槽，此系統其蒸發器具有一個大的不鏽鋼板表面，於製冰時在蒸發器表面會產生薄的冰層，然後再週期地將蒸發器表面上的冰去除，使冰掉落並儲存於槽體之中。製冰操作時，首先將低溫冷媒泵送入不鏽鋼板之中，而自空調區回來之回水與槽中的冰水混合後，灑佈在整個平板的面上。約以每 30 分鐘做爲一個循環，將水製成約 3/8 吋厚的冰層。接著，以機械式的方式將熱能送入平板內，將冰自平板表面移除而落入下方之開放槽體中，然後經冷卻後的水再被泵送至負荷端。此系統需多使用一個再循環泵浦，此再循環泵浦可以是系統泵浦的數倍大，其主要功用是將空調區的回水與槽體內低溫的水進行混合再供製冰。其優點爲有效率地產生薄冰層、快速融冰、設備相容性高及適合假日操作製冰。其缺點爲設備昂貴、較不適合分量儲冰的模式、冷凍系統複雜降低了可靠度及維修的困難、儲冰槽要經特殊設計，以免造成冰層滑落後的堆積、在去除冰層的工作中需要消耗額外的熱能、使用大量的冷媒。

3-3　應用與試算

　　本報告以某辦公大樓的設計爲例，利用電腦輔助設計與分析的方式，比較採用傳統空調系統與儲冰空調系統間的經濟成本。某辦公大樓之負荷分佈曲線如圖 3-9 所示，該大樓使用時間爲早上 8：00 至下午 10：00，總冷凍需求量爲 5877.5RT-hr，最高空調負載爲 461.5RT，出現在下午 4：00 左右。表 3-1 所列包括該案例的已知設計參數，包括主機標稱容量、最高負荷、系統供水溫度、回水溫度、空調時間、製冰時間以及所需的總冷凍量，表的下方所列爲軟體的分析結果，包括主機提供之冷凍噸、儲冰槽儲冰率、儲冰槽儲冰比例、系統供水以及系統回水溫度等參數隨時間的變化狀況，表中亦列出該案例的選用設備規格，而後進行本案例的經濟成本分析。

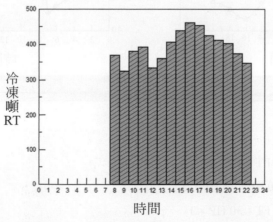

圖 3-9　分析案例之負載分佈曲線[1]

表 3-1 分析案例之已知參數、分析結果與選用設備規格[1]

設計條件		
設計空調負載	(RT)	461.5
主機標稱容量	(RT)	300
系統供水溫度	(℃)	4.5
系統回水溫度	(℃)	12.2
空調時間比例	(%)	100
製冰時間比例	(%)	65
空調時間	(hr)	15
製冰時間	(hr)	9
總冷凍需求量	(RT-hr)	5877.5
系統型式		主機優先

分析結果

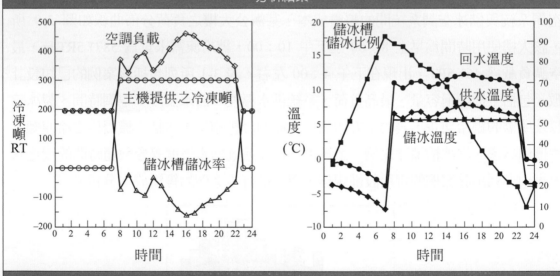

設備選用分析結果

冰水主機：150 RT × 2

冷卻水塔：175 RT × 2

冷卻水泵：450 GPM，82 FT，150 HP × 3

循環水泵：980 GPM，100 FT，40 HP × 2

製冰水泵：829 GPM，82 FT，30 HP × 1

儲冰量：1755 RT-hr

表 3-2 至表 3-5 所列為本案例採用傳統空調系統與儲冰空調系統時系統電力設備、空調設備、全年運轉等成本分析結果以及總比較列表，其中費用的計算單位為新台幣。由表中比較可知，採用儲冰空調系統時，系統的設備費用雖比傳統空調系統高出 5,002,000 元，但系統的電力申請費用可節省 420,000 元，而運轉電費每年可以節省 1,315,015 元，亦即回收年限約為 3.5 年，因此可知採用儲冰空調具有極大的節能優勢。

表 3-2　電力設備成本分析[1]

項目編號	設備名稱	傳統空調系統		分量儲冰空調系統	
		規格	耗電量	規格	耗電量
1	冰水主機	250 RT×2	450.0 kW	150RT×2 夜間用電	270.0 kW 257.0 kW
2	冷卻水塔	300 RT×2	15.0 kW	175 RT×2	7.5 kW
3	冷卻水泵	25 HP×2	37.5 kW	15 HP×2	22.5 kW
4	冰水泵	25 HP×2	37.5 kW	25 HP×2	37.5 kW
5	製冰水泵	－	－	30 HP×2	22.5 kW
6	融冰水泵	－	－	40 HP×2	30.0 kW
尖峰耗電量		540.0 kW		330.0 kW	
離峰耗電量		0.0 kW		309.5 kW	
契約容量		540.0 kW		330.0 kW	
電力申請費用		1,080,000 元		660,000 元	
申請費用差額		420,000 元			

表 3-3　空調設備成本分析[1]

項目編號	設備名稱	傳統空調系統		分量儲冰空調系統		差額(元)
		規格	價格(元)	規格	價格(元)	
1	冰水主機	250 RT×2	5,250,000	150 RT×2	3,500,000	1,750,000
2	冷卻水塔	300 RT×2	480,000	175 RT×2	250,000	230,000
3	冷卻水泵	25 HP×2	100,000	15 HP×2	30,000	70,000
4	冰水泵	25 HP×2	100,000	25 HP×2	100,000	0
5	製冰水泵	—	—	30 HP×2	62,000	− 62,000
6	融冰水泵	—	—	40 HP×2	70,000	− 70,000
7	室內冷風機	45 kW	2,750,000	45 kW	2,750,000	0
8	儲冰槽	—	—	1775 RT-hr	6,000,000	− 6,000,000
9	乙二醇	—	—	一式	350,000	− 350,000
10	熱交換器	—	—	500 RT	750,000	− 750,000
11	風管工程	一式	2,850,000	一式	2,850,000	0
12	水管工程	一式	3,500,000	一式	3,050,000	450,000
13	配電工程	一式	1,900,000	一式	1,750,000	150,000
14	控制工程	一式	1,550,000	一式	1,650,000	− 100,000
15	安裝工程	一式	1,450,000	一式	1,600,000	− 150,000
16	相關工程	一式	2,400,000	一式	2,400,000	0
17	管理費	一式	2,230,000	一式	2,400,000	− 170,000
18	合計	24,560,000		29,562,000		− 5,002,000

表 3-4 全年運轉成本分析[1]

項目編號	說明	傳統空調系統	分量儲冰空調系統
1	經常契約	540.0 kW	330.0 kW
2	非夏季契約	0.0 kW	0.0 kW
4	離峰契約	0.0 kW	0.0 kW
5	尖峰耗電量	540 kW	330.0 kW
6	非夏季耗電量	540 kW	330.0 kW
8	離峰耗電量	0.0 kW	0.0 kW
9	全年尖峰用電量	988,200.0 kW-hr	603,900.0 kW-hr
10	全年非夏月用電量	631,800.0 kW-hr	386,100.0 kW-hr
12	全年離峰用電量	0.0	557,100.0 kW-hr
13	全年基本電費	1,146,960 元	700,920 元
14	全年時間電費	3,061,800 元	2,192,825 元
15	全年運轉電費	4,208,760 元	2,893,745 元
16	每年運轉費用差額	1,315,015 元	

表 3-5 總成本比較與回收年限[1]

項目編號	說明	傳統空調系統	分量儲冰空調系統	差額
1	電力申請費用	1,080,000 元	660,000 元	420,000 元
2	設備購置費用	24,560,000 元	29,562,000 元	– 5,002,000 元
3	全年運轉電費	4,208,760 元	2,893,745 元	1,315,015 元
4	回收年限	3.48 年		

1. 請簡述儲冰空調的原理。

2. 請簡述儲冰式中央空調系統的優點。

3. 請簡述儲冰式空調的主要元件與架構。

4. 請簡述儲冰系統的儲冰模式進行方式。

5. 請簡述儲冰系統的融冰模式進行方式。

6. 請簡述儲冰系統的分類與說明。

7. 請簡述儲冰系統的操作模式種類。

8. 請簡述儲冰槽的用途。

9. 請簡述儲冰槽的種類與系統。

10. 請簡述儲冰槽的鹵水循環系統與直接冷媒系統。

參考文獻

1. 陳輝俊, "儲冰空調系統最佳化設計", 國立台北科技大學能源與冷凍空調系碩士論文, 2000 年.

2. 蔡尤溪, 李宗興, 儲冰空調系統技術, 全華圖書, 2008 年

3. 劉凡儀, "儲冰空調應用於廠辦大樓案例之研究", 國立台北科技大學能源與冷凍空調系碩士論文, 2015 年.

4. 王俊淵, "分量儲冰空調系統運轉策略最適化及實例應用研究", 國立台北科技大學能源與冷凍空調系碩士論文, 2008 年.

4 CHAPTER

壓縮空氣儲能

4-1 導論

　　隨著科學技術的發展，為了避免用電低峰時電能白白的浪費，目前很多科學家都在對電力的儲藏進行研究。研發電力儲能系統，是大規模利用可再生能源的需要，也是提高常規電力系統的經濟性、效率的重要途徑，與此同時，電力儲能系統也是分散式能源系統智慧型電網的關鍵技術之一。

　　當前，電力儲能技術主要有抽水電站(pumped hydro)、壓縮空氣(compressed air energy storage，CAES)、蓄電池(secondary battery)、液流電池(flow battery)、超導磁能(superconducting magnetic energy storage system，SMES)、飛輪(fly wheel)和電容/超級電容(capacitor/supercapcitor)等。但是，由於容量、儲能週期、能量密度、充放電效率、壽命、運行費用、環保等原因，迄今已在大規模(如 100MW 以上)商業系統中運行的電力儲能系統只有兩種－抽水電站和壓縮空氣。

　　抽水電站有很多優點，主要有技術成熟、效率高、容量大、儲能週期長等優點，抽水電站廣泛應用在電力儲能系統當中。但是，抽水電站儲能系統需要有特殊的地理條件，建設兩座水庫和水壩，選址也是非常困難的一件事，建設週期通常都比較長(一般約 7～15 年)，需要初期投入很高的成本，從環境上來講，會大面積淹沒植被甚至城市，從而產生生態和移民問題。

　　壓縮空氣儲能之電力儲能系統可以實現長時間和大容量電能儲存的另一種電力儲能方式，把較難儲存的電力先期用來壓縮空氣，把高壓壓縮後的空氣密閉地裝進儲氣設備裡，當需要的時候，釋放被高壓壓縮的空氣，去推動渦輪旋轉發電。空氣有可以被壓縮的性質(compressible)，經過壓縮後的空氣，再膨脹到原來體積的過程中，可以提供動力(power)。空氣可以很方便的取得，沒有污染、成本低，安全性要比燃油氣體等高很多。

4-2 **壓縮空氣儲能原理**

　　根據燃氣渦輪機的技術，發展了壓縮空氣儲能系統。圖 4-1 為燃氣輪機的工作原理圖，壓縮機把空氣壓縮之後，在燃燒室中燃燒燃料並提升燃氣溫度，使高溫高壓的燃氣進入渦輪機，利用氣體的膨脹做功。壓縮空氣儲能系統的壓縮機和渦輪機不同時工作如圖 4-2 和圖 4-3 所示。當進行儲能過程時，壓縮空氣儲能系統耗用電能把自然界的空氣壓縮並存於儲氣裝置中；想要釋放能量時，釋放儲氣室中的高壓氣體，氣體進入燃燒室後，燃料燃燒把進入燃燒室中的氣體加熱，使之溫度升高，驅動渦輪發電。由於儲能、釋能在不同的時段各自工作，在釋放能量的過程中，並沒有壓縮機消耗渦輪的輸出功，因此，和消耗同樣多燃料的燃氣輪機系統相此，壓縮空氣儲能系統可以多產生 2 倍甚至更多的電力。壓縮空氣儲能系統適合應用在大型系統(100 MW 級以上)方面，儲能的週期不受一些條件的限制，具有成本低、壽命長等優點。但是，壓縮空氣儲能系統有對化石燃料、大型儲氣室的依賴等問題。

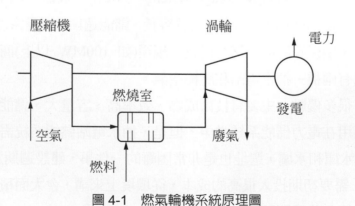

圖 4-1　燃氣輪機系統原理圖

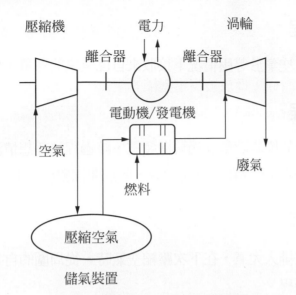

圖 4-2 壓縮空氣儲能系統原理圖

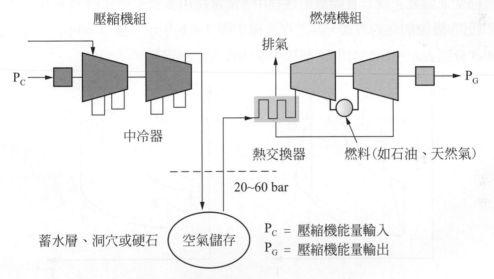

P_C = 壓縮機能量輸入
P_G = 壓縮機能量輸出

圖 4-3 壓縮空氣儲能系統的工作原理

壓縮空氣儲能的工作過程如圖 4-4 所示。假定壓縮和膨脹過程均為單級過程(如圖 4-4(a))，工作過程主要包括下面 4 個步驟。

◆ 1-2 壓縮過程

空氣經過壓縮機壓縮到一定高壓後，進入儲氣室儲存的過程。在理想狀況下，壓縮空氣的過程為可逆絕熱過程 1-2，即熱力學的等熵過程，但在實際情況下，會有不可逆的損失，所以壓縮曲線為 1-2'。

◆ 2-3 加熱過程

在儲氣室內部，空氣於等壓情況下接收來自儲氣室的熱量，使燃氣溫度提升。

◆ 3-4 膨脹過程

高溫高壓的空氣於膨脹時驅動渦輪機發電，該過程於理想情況下為可逆絕熱，過程為 3-4，但實際過程中，存在不可逆損失，所以曲線變成 3-4'。

◆ 4-1 冷卻過程

膨脹後的空氣被排入大氣，在下次壓縮空氣時，從周圍的自然環境中吸收空氣，該過程為等壓冷卻過程。

壓縮空氣儲能系統在實際應用過程中，常常採用多級壓縮和級間/級後冷卻、多級膨脹和級間/級後加熱的方式，其工作過程如圖 4-4(b)所示。圖 4-4(b)中，過程 2'-1'和過程 4'-3'分別表示壓縮的級間冷卻和膨脹的級間加熱過程。

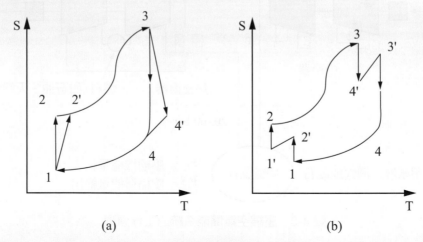

(a)   (b)

圖 4-4　壓縮空氣儲能的工作過程

空氣在壓縮的過程中，外界必須對其施加壓力，使其裝入壓縮桶內，提升運送之便利性。考慮一柱形(cylindrical)壓縮桶，假設其內部壓力為 P，壓縮桶截面積為 A，壓縮之距離為 dS，則在此瞬間外界對桶所作的功 dE，在理想情況下，其值為：

$$dE = -PAdS = -PdV \qquad\qquad (4\text{-}1)$$

上式 dV 爲體積之微小變化量，考慮一空氣由原本的體積 V_i，被壓縮至 V_f 的過程，外界所施加的功爲：

$$W = -K \times \frac{V_f^{1-r} - V_i^{1-r}}{1-r} \tag{4-2}$$

因此，如圖 4-5 所示，壓縮過程所需提供的能量，亦即是壓縮空氣所儲存的能量，即爲圖 7.5 中曲線下方的面積。若考量當氣體壓力與體積關係：

$$pV^r = constant = K \tag{4-3}$$

其中 r 與 K 爲常數。當壓縮過程爲絕熱時，則上式中的 r 值約等於 1.4，當壓縮過程爲固定溫度時，r 應等於 1。因此，將空氣從體積 V_i 壓縮至 V_f 時所需要的功爲：

$$W = -K \int_{V_i}^{V_f} \frac{dV}{V^r} = K \frac{(V_f^t - V_i^{r-1})}{(1-r)} \tag{4-4}$$

假設以固定溫度進行壓縮時，將空氣從體積 V_i 壓縮至 V_f 時所需要的功即爲：

$$W = -K \int_{V_i}^{V_f} \frac{dV}{V} = -K(\ln V_f - \ln V_i) \tag{4-5}$$

將一大氣壓的一公升(1 liter)空氣壓縮至 300 大氣壓時，其體積將變成(1/300)公升，而其所儲存的能量將可由上述公式推導出如下：

$$E = -\int_1^{1/300} \frac{1}{V} dV = -\ln\left(\frac{1}{300}\right) + \ln 1 = 5.704 \text{ (Joule)} \tag{4-6}$$

因此，若以 100 公升 300 大氣壓的空氣儲存桶而言，則可儲存能量達 570.4 焦耳。

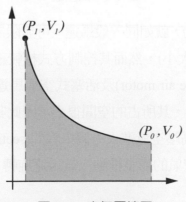

圖 4-5 空氣壓縮圖

4-3 壓縮空氣動力裝置

壓縮空氣儲能系統一般包括 6 個主要部件：

1. 壓縮機，一般爲多級壓縮機帶中間冷卻裝置。
2. 膨脹機，一般爲多級渦輪膨脹機帶級間再熱設備。
3. 燃燒室及換熱器，用於燃料燃燒和回收餘熱等。
4. 儲氣裝置，地下或者地上洞穴或壓力容器。
5. 電動機/發電機，通過離合器分別和壓縮機以及膨脹機聯接。
6. 控制系統和輔助設備，包括控制系統、燃料罐、機械傳動系統、管路和配件等。

一般的壓縮空氣動力裝置大致可分爲直線運動氣壓缸(pneumatic piston)及旋轉運動的空氣馬達(air motor)。其中氣壓缸(如圖 4-6)的構造可大致分爲單動與雙動氣壓缸等，其控制方式較爲簡單。然而氣壓缸具有固定行程，當所需行程改變時，則必須更改壓縮缸邊界設定或選定更長的氣壓缸。

由於其氣壓缸內部是等截面積的柱體形狀，因此一個氣壓缸所提供的力量，與輸入高壓氣體的氣壓及截面積成正比，即出力等於壓力乘上氣壓缸面積，如下式所示。

$$F = P_{in} \times A_c \tag{4-7}$$

其中 P_{in} 爲高壓空氣的氣壓，A_c 爲截面積。

圖 4-6 氣壓缸

由於空氣馬達是旋轉傳動，就如同一般馬達，可無限制地運轉，因此其並無行程上的限制(行程限制來自於機台大小)，然而其控制方式相較爲氣壓缸爲複雜。空氣馬達又可爲葉片式空氣馬達(vane type air motor)及活塞式空氣馬達(piston type air motor)。其中葉片式空氣馬達如圖 4-7 所示，其所占的空間很小，因此其動力對體積的比例較高。其運作方式如圖 4-8 所示，當高壓空氣進入一個小隔間(section)時，該隔間的空間體積正處於最小的狀態，藉由壓縮空氣的膨脹推動空氣馬達旋轉。

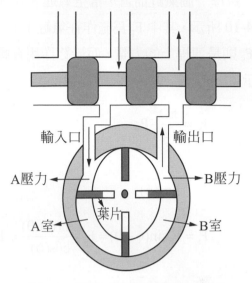

輸入口　　　輸出口

A壓力　　　　　　　　B壓力

葉片

A室　　　　　　　　　B室

圖 4-7　葉片式空氣馬達　　　　　　圖 4-8　葉片式空氣馬達運作方式

(http://www.irjbc.com/syjbc/cpzs_ypsxl/)

　　活塞式空氣馬達具有 3 至 6 個汽缸如圖 4-9 所示，其進氣控制較爲複雜，控制也較爲複雜，然而其具有較佳的功率(power)及力矩(torque)輸出，在壓縮空氣使用上也較節省。

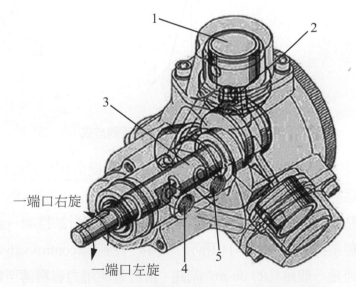

一端口右旋

一端口左旋

圖 4-9　活塞式空氣馬達(https://goo.gl/m57OZQ)

對每一個氣缸而言，當空氣進入氣缸時，提供固定壓力，因此其運動動作圖，如圖 4-10 所示，其中 F_p 為施作在氣缸上的力，其等於高壓空氣壓力乘上氣缸的截面積，而 F_c 則是連桿上的力量，而最終作用在轉軸上的力量則為 F_t。其關係可由下列方程式表示：

$$F_p = \frac{\pi D^2}{4} P \tag{4-8}$$

$$F_c = \frac{F_p}{\cos(\phi)} \tag{4-9}$$

$$F_t = F_c \sin(\phi + \theta) = F_p \frac{\sin(\phi + \theta)}{\cos(\phi)} = F_p(\tan(\phi)\cos(\theta) + \sin(\theta)) \tag{4-10}$$

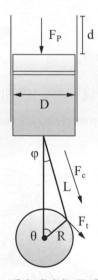

圖 4-10　活塞式空氣馬達運動方式

當使用高壓空氣時，由於大部分的氣動工具，乃提供在較低壓的工作環境下使用，因此在連接這些工具前，必須進行降壓的步驟。同時，由於高壓空氣在通過出口及閘閥時常會凝結水珠，故須加上一個過濾器。因此當要自動控制一台空氣馬達時，還必須再加入各種量測裝置如圖 4-11 所示。其中，控制閥(control valve)可以使用較精準的比例伺服閥或是一般簡易的 on-off 閘閥。當流量與壓力資料傳至電腦後，經計算後再將控制指令交由控制閥，控制高壓空氣的流量。

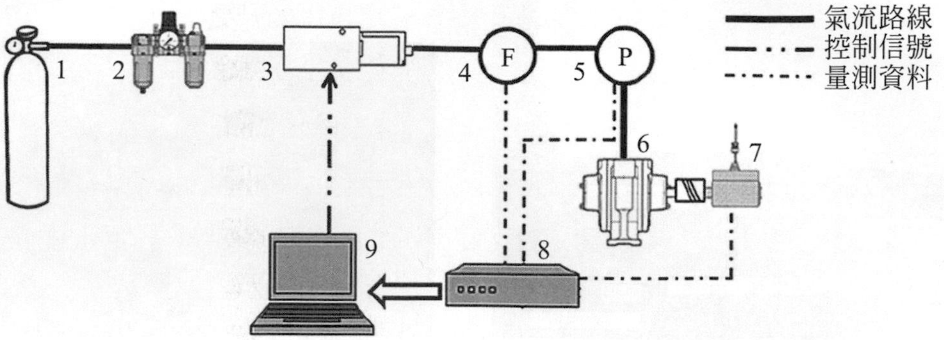

氣流路線
控制信號
量測資料

1. 空氣儲存罐
2. 過濾器與調節器
3. 控制閥
4. 流量計
5. 壓力感測器
6. 空氣馬達
7. 扭力與轉速表
8. 數位類比轉換器
9. 電腦

圖 4-11　空氣馬達自動控制系統

4-4　發展現狀

　　當前世界上已有兩座大型投入商業運行的壓縮空氣儲能電站。1978 年,第一座投入商業運行的壓縮空氣儲能系統是德國的 Hutorf 電站如圖 4-12,現在仍然在工作中。該機組的壓縮機功率為 60 MW,釋能輸出功率為 290 MW,裝置把壓縮的空氣存儲在廢棄的地下 600 m 礦洞裏,礦洞的總容積達到 3.1×10^5 m^3,壓縮空氣的壓力最高可達 100 bar(1 bar = 10^5 Pa)。機組能夠連續充氣 8 小時,連續發電 2 小時。

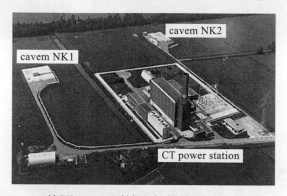

(a) 德國Hutorf壓縮空氣儲能電站空拍圖

圖 4-12

(b) 德國Hutorf壓縮空氣儲能電站內部構造圖　　(c) 德國Hutorf壓縮空氣儲能電站內部構造圖

圖 4-12　(續)

　　第二座壓縮空氣儲能電站是在 1991 年投入商業運行的美國 Alabama 州的 McIntosh 壓縮空氣儲能電站如圖 4-13。這個電站的儲氣洞穴在地下 450 m，總容積達到了 $5.6×10^5 m^3$，壓縮空氣儲氣壓力為 7.5 MPa。此儲能電站的壓縮機組功率達到了 50 MW，發電的功率為 110 MW，可以做到連續 41 h 空氣壓縮和 26 h 發電。Alabama 州電力公司的能源控制中心對此電站進行遠距離控制。美國 Ohio 州 Norton 從 2001 年起開始建一座 2700 MW 的大型壓縮空氣儲能商業電站，由 9 台 300 MW 機組組成。把壓縮後的空氣儲存在 670 m 的地下岩鹽層洞穴內，儲氣洞穴容積為 $9.57×10^6 m^3$。

(a) 美國McIntosh壓縮空氣儲能電站空拍圖

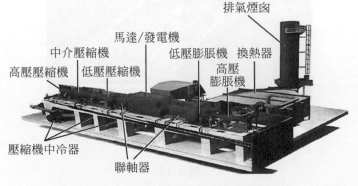

(b) 美國McIntosh壓縮空氣儲能電站內部構造

圖 4-13

2001 年日本在位於北海道空知郡的上砂川町壓縮空氣儲能示範項目投入運行，輸出功率為 4MW，是日本開發 400MW 機組的工業試驗用中間機組。該設備利用廢棄的煤礦坑(約在地下 450 m 處)作為儲氣洞穴，最大壓力為 8MPa。瑞士 ABB 公司(現已併入阿爾斯通公司)正在開發聯合迴圈壓縮空氣儲能發電系統。目前除德國、美國、日本、瑞士外，俄羅斯、法國、義大利、盧森堡、南非、以色列和韓國等也在積極開發壓縮空氣儲能電站。

4-5　壓縮空氣系統的分類

從一九四幾年以來，關於壓縮空氣儲能系統的研究湧現出很多優秀的成果，陸續出現很多種類型的壓縮空氣儲能系統。根據標準的不同，有如下 3 種分類：

一、根據壓縮空氣儲能系統的熱源不同

1. 燃燒燃料的壓縮空氣儲能系統。
2. 可以把熱量儲存的壓縮空氣儲能系統。
3. 無熱源的壓縮空氣儲能系統。

二、根據壓縮空氣儲能系統的規模不同

1. 大型壓縮空氣儲能系統，單台機組規模為 100MW 級。
2. 小型壓縮空氣儲能系統，單台機組規模為 10MW 級。
3. 微型壓縮空氣儲能系統，單台機組規模為 10kW 級。

三、根據同其它熱力循環系統的耦合方式分類

1. 傳統壓縮空氣儲能系統。
2. 壓縮空氣儲能－燃氣輪機耦合系統。
3. 壓縮空氣儲能－燃氣/蒸汽聯合迴圈耦合系統。
4. 壓縮空氣儲能－內燃機耦合系統。
5. 壓縮空氣儲能－製冷迴圈耦合系統。
6. 壓縮空氣儲能－可再生能源耦合系統。

4-5-1 按熱源分類

一、需要燃料燃燒之壓縮空氣儲能系統

傳統燃燒燃料的壓縮空氣儲能電站的基本工作過程原理如圖 4-14 表示。和上述中的圖 4-2 中的壓縮空氣儲能系統相比，壓縮過程如圖 4-14 表示，有級間和級後的冷卻；在膨脹過程中，這樣的中間再熱結構可以提高系統的效率。Huntorf 電站採用的系統結構和圖 4-14 相同，它的實際運行效率約為 42%。

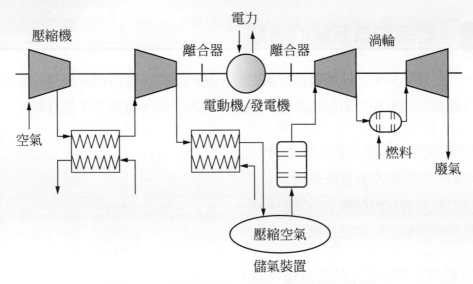

圖 4-14　消耗燃料的壓縮空氣儲能系統示意圖

圖 4-15 表示的是有餘熱回收裝置的壓縮空氣儲能系統，通過回收渦輪排入大氣中的廢熱來預熱被壓縮空氣，進而可提高系統的熱效率。美國 Mcintosh 電站採用了這種壓縮空氣系統的結構，它的效率約為 54%。因為該結構有回收餘熱的功能，使得 Mcintosh 電站的單位發電量及燃料的消耗比 Huntorf 電站節省約 25%。

帶儲熱的壓縮空氣儲能系統：有儲熱的壓縮空氣儲能系統通常又被稱為先進絕熱壓縮空氣儲能系統(Advanced Adiabatic Compressed Air Energy Storage System，AACAES)。當壓縮空氣系統壓縮外部自然環境中空氣的過程中近似絕熱過程，會產生大量的壓縮熱。

　　例如，理想狀態下，在 100bar 的壓縮空氣時，能夠產生近 650℃的高溫。帶有儲熱裝置的壓縮空氣儲能系統，會把在壓縮空氣過程中產生的壓縮熱，儲存到儲熱裝置裏，在釋放能量的同時，利用儲存的壓縮熱量加熱壓縮空氣驅動渦輪做功，如圖 4-16 示意圖給出的過程所示。和圖 4-14、圖 4-15 所示的燃燒燃料的傳統壓縮空氣儲能系統對比之後不難發現，圖 4-16 的空氣壓縮儲能系統，因爲回收了壓縮空氣過程中的壓縮熱，系統的儲能效率有了很多的提高，理論上可以大於 70%；與此同時，因爲使用了壓縮熱替代燃料燃燒，這種壓縮空氣儲能系統就不需要再有燃燒室了，可以實現零排放的目標。這種系統也是有缺點的，它的缺點是由於配備了儲熱裝置，與傳統的壓縮空氣儲能電站相比，帶有儲熱的壓縮空氣儲能系統初期投資成本將會增加 20～30%。

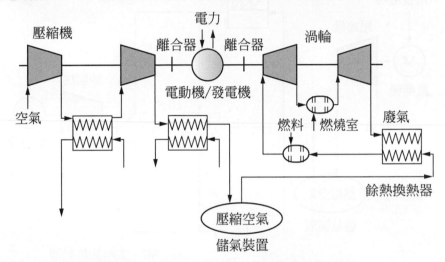

圖 4-15　帶回熱的壓縮空氣儲能系統示意圖

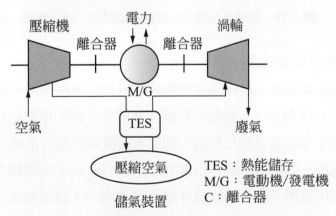

TES：熱能儲存
M/G：電動機/發電機
C：離合器

圖 4-16　存儲壓縮熱的壓縮空氣儲能系統示意圖

　　另一種有儲熱裝置的壓縮空氣儲能系統，通過儲存外來的熱源，替代燃料燃燒產生的熱量。這種方式最重要的應用領域就是太陽能熱發電系統，如圖 4-17 所示。

　　通過使用太陽能集熱器能夠獲得 720℃ 甚至更高的溫度，但由於太陽能的間歇性和不穩定性，這種儲能裝置在太陽能熱發電系統中具有先天的需求。帶儲熱的壓縮空氣儲能系統，太陽能熱能可以被存儲在儲熱裝置中，當需要能量時，加熱壓縮空氣，然後驅動渦輪發電，進而解決太陽能的間歇性和不穩定性問題。除了以太陽能當做熱能之外，化工、電力、水泥等行業產生的廢棄餘熱、廢熱都能當做壓縮空氣儲能系統的外來熱源，帶儲熱的壓縮空氣儲能系統具有廣泛的應用前景。

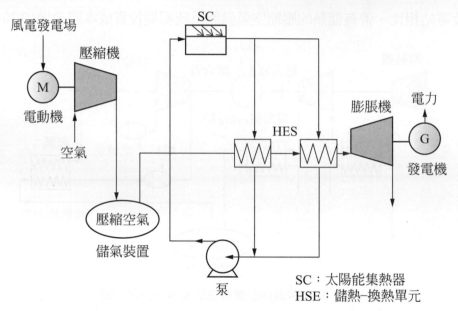

圖 4-17　存儲外來熱源的壓縮空氣儲能系統示意圖

二、無熱源的壓縮空氣儲能系統

　　無熱源的壓縮空氣儲能系統既不採用燃燒燃料加熱壓縮空氣，也不採用其他外來熱源，其結構如圖 4-18 所示。無熱源的壓縮空氣儲能系統的優點是結構簡單，但是系統的輸出功率和效率和前兩者相比較低。因此，這種無熱源的系統只能應用在微小型系統中做為備用電源、空氣馬達動力和車用動力等。圖 4-18 的結構示意圖，為某個微型壓縮空氣當作備用電源，該系統的儲存壓力為 300bar，儲氣裝置由 55 個 80L 的標準壓縮空氣儲氣罐組成。此系統的功率為 2kW，工作壽命預計為 20 年，每年需要檢查補氣四次，除了四次的檢查之外，幾乎沒有維護成本。

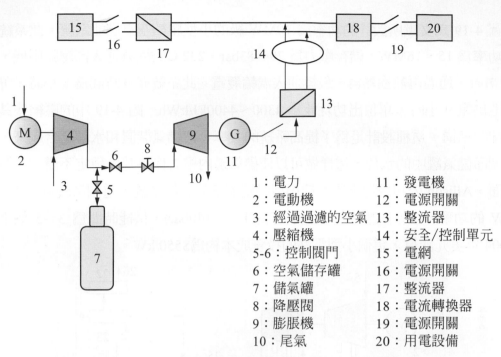

1：電力
2：電動機
3：經過過濾的空氣
4：壓縮機
5-6：控制閥門
6：空氣儲存罐
7：儲氣罐
8：降壓閥
9：膨脹機
10：尾氣

11：發電機
12：電源開關
13：整流器
14：安全/控制單元
15：電網
16：電源開關
17：整流器
18：電流轉換器
19：電源開關
20：用電設備

圖 4-18　用作備用電源的壓縮空氣儲能系統示意圖

4-5-2 按規模分類

一、大型壓縮空氣儲能系統

　　傳統的壓縮空氣儲能系統均為大型系統，單台機組規模均為 100MW 級，儲氣的裝置一般為廢棄礦洞或岩洞等，儲氣洞穴的體積一般為 $10^5 m^3$ 以上。削峰填谷和平衡電力負荷是大型壓縮空氣儲能系統的一般用途，當然也能用來穩定可再生能源發電的輸出。目前世界上投入運行的兩座商業壓縮空氣儲能電站都是大型系統，如圖 4-12 與圖 4-13 所示。

二、小型壓縮空氣儲能系統

　　規模一般在 10MW 級的系統稱作小型壓縮空氣儲能系統，小型壓縮空氣儲能系統利用地上的能承受高壓的容器儲存壓縮空氣，可以改變大型傳統壓縮空氣電站對儲氣洞穴的依賴，有很高的靈活性。相比於大型電站，小型壓縮空氣儲能系統更適合對城區的供能系統－分散式供能和小型電網等，被用來電力需求側管理、無間斷電源等；小型系統也可以建在距離風電場等可再生能源系統很近的地方，對可再生能源電力的供應進行調節等。

　　圖 4-19 為文獻所設計的功率為 10MW 級的小型壓縮空氣儲能系統。此系統的壓縮機功率為 15～16MW，儲存壓力為 79～83bar，232℃的燃氣進入高壓膨脹機，減壓至 11.7bar，通過再熱換熱器，最後通入渦輪發電。此系統充氣時間為 5 小時，可連續不停地供電 9 小時，單位出功耗能為 4300～4400kJ/kWh。圖 4-19 中的壓縮機具有級間冷卻的結構，這種設計是為了提高系統的效率，把儲氣裝置和水塔結合起來，用水泵去調節儲氣罐中的水位，這樣做可以使儲氣罐內壓力保持基本穩定不變。在燃氣渦輪方面，Allison 公司曾把它應用於小型的壓縮空氣儲能系統，這個系統可以提供 8～12MW 的功率，該系統應用地上儲氣容器(100～140bar)，供能時間為 3～5 個小時，以 2004 年美元計算，這個小型電站的投資成本約為$550/kW。

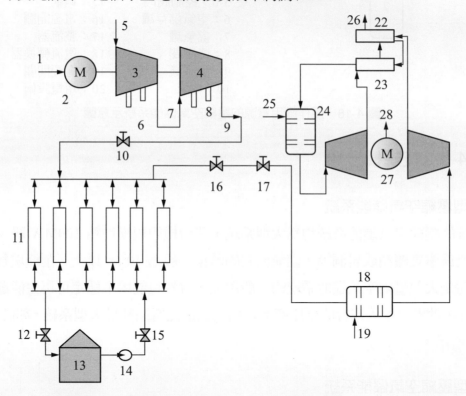

1：電能	6,7,8,9：冷卻器	17：降壓閥	22,23：換熱器
2：電動機	10,11,15,16：閥門	18,24：燃燒室	26：廢氣
3：低壓壓縮機	11：儲氣罐	19,25：燃料	27：發電機
4：高壓壓縮機	13：水塔	20：高壓膨脹機	28：電能
5：空氣	14：水裝	21：低壓膨脹機	

圖 4-19　小型壓縮空氣儲能系統示意圖

三、微型壓縮空氣儲能系統

微型壓縮空氣儲能系統的規模一般在幾 kW 到幾十 kW 級，這種系統也是利用地上高壓容器進行儲存壓縮空氣，它主要應用於特殊領域(例如控制、通訊和軍事等)設備的備用電源、偏遠孤立地區的微小型電網、和壓縮空氣汽車動力等。圖 4-18 表示的是一微型壓縮空氣儲能系統，此系統功率為 2kW，儲存的壓縮空氣壓力為 300bar，用途主要用來做備用電源。圖 4-20 表示的是一種車用壓縮空氣動力系統。此系統的車載儲氣罐 300L，儲存的壓力為 300bar，能驅動一輛質量為 1000kg 的汽車，以時速50km/h，行駛 96km，基本可以滿足城市內的日常市內交通的需要。

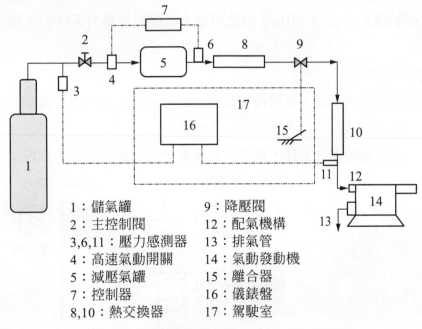

1：儲氣罐　　　　　9：降壓閥
2：主控制閥　　　　12：配氣機構
3,6,11：壓力感測器　13：排氣管
4：高速氣動開關　　14：氣動發動機
5：減壓氣罐　　　　15：離合器
7：控制器　　　　　16：儀錶盤
8,10：熱交換器　　　17：駕駛室

圖 4-20　壓縮空氣動力汽車氣動回路示意圖

 ## 4-5-3 按系統耦合方式分類

一、傳統壓縮空氣儲能系統

圖 4-14 和圖 4-15 所表示的是傳統的壓縮空氣儲能系統不與其他的熱力循環系統耦合。為了讓系統的工作方式靈活性、工作的效率有所提高，以及可以適應特殊用途等情況，先後出現了多種多樣的壓縮空氣儲能與其他熱力循環耦合的系統。

二、壓縮空氣儲能－燃氣輪機耦合系統

文獻提出了一種壓縮空氣儲能－燃氣輪機混合動力系統，工作原理如圖 4-21 所示。在用電低峰時，高峰時產生的盈餘電力被用來壓縮空氣並儲存於地下洞穴或者地上高壓容器裡；當用電在高峰的時候，壓縮空氣與燃氣輪機聯合做功發電。如果存儲的空氣壓力較小(10～20bar)，被壓縮的空氣可以直接噴入或者同燃氣輪機壓縮空氣混合噴入到燃燒室，用來增大燃氣輪機的輸出功如圖 4-21(a)；如果存儲的空氣壓力較大(50～100bar)，壓縮空氣先與燃氣輪機廢氣換熱，下一步進入高壓渦輪膨脹做功，高壓渦輪出口空氣再和燃氣輪機壓縮空氣混合後一起進入燃燒室，和燃料一起燃燒後，驅動燃氣輪機渦輪做功如圖 4-21(b)。由此可見，這種混合動力系統的工作方式非常靈活，主要有：

1. 燃氣輪機工作模式

   燃氣輪機單獨運轉工作，而壓縮空氣儲能系統並不工作，處於關閉的狀態下。

2. 壓縮空氣儲能模式

   壓縮空氣儲能系統獨立工作，與此同時壓縮機消耗盈餘的電力壓縮並儲存空氣。

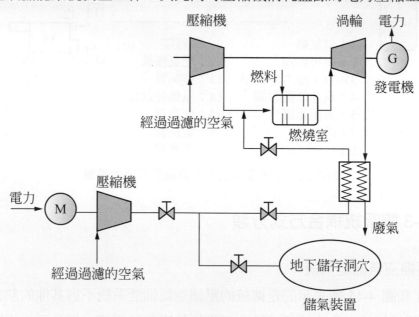

(a) 燃氣輪機耦合系統

圖 4-21

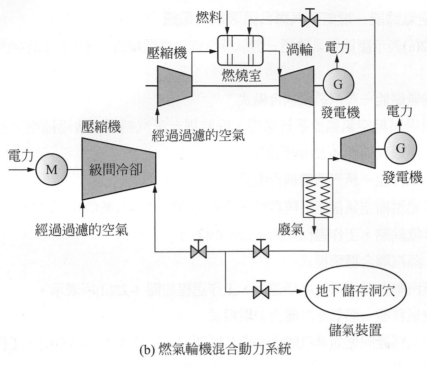

(b) 燃氣輪機混合動力系統

圖 4-21　(續)

3. 壓縮空氣釋能模式

　　在需要電力時，之前儲存好的空氣，吸收燃氣輪機餘熱後，進入燃燒室，和燃料一起燃燒後，驅動燃氣輪機渦輪發電。

4. 壓縮空氣儲能－燃氣輪機耦合模式

　　在用電高峰的時候，壓縮空氣儲能系統和燃氣輪機同時工作，利用燃氣輪機的餘熱，壓縮空氣儲能系統吸收廢棄的餘熱，整個系統的輸出功率和效率均可得到很大的提高。

　　美國科學家 M. Nakhamkin 等人對 GE-7FA 燃氣輪機為基礎的壓縮空氣儲能－燃氣輪機混合動力系統進一步分析：在壓縮空氣分別為 52.62 kg/s 和 26.31 kg/s(混合13.61kg/s 的水蒸氣)流量的情況下，作為輔助供氣參與燃氣輪機的燃燒，輸出功率增加 26.7%，熱消耗率(kJ/kWh)分別下降 59%和 36.5%。對於圖 4-21(b)的系統，燃氣輪機的設計功率為 100MW 級，壓縮空氣儲能系統依靠吸收燃氣輪機的廢熱，可以恢復70%以上存儲的能量，如果耗電的峰穀電價之間的比例，這個數字大於 2.0，這種系統將有可以期望的經濟效益，而且該混合系統的總能量輸出可以達到單獨燃氣輪機功率的 3 倍，燃料消耗率(kJ/kWh)下降約 50%。

三、壓縮空氣儲能－燃氣蒸汽聯合循環耦合系統

圖 4-22(a)表示壓縮空氣儲能－燃氣蒸汽聯合循環耦合系統,其工作過程模式主要有:

1. 壓縮空氣儲能－蒸汽循環耦合模式

   系統通過壓縮空氣儲能系統儲能,同時耦合蒸汽循環吸收壓縮空氣過程的壓縮熱,工作過程如圖 4-22(b)所表示。

2. 壓縮空氣釋能－蒸汽循環耦合模式

   系統通過壓縮空氣儲能系統釋能,與此同時耦合蒸汽循環回收壓縮空氣儲能系統渦輪排氣餘熱,工作過程如圖 4-22(c)所表示。

3. 燃氣－蒸汽聯合循環模式

   燃氣蒸汽聯合循環系統單獨運行,工作過程如圖 4-22(d)所表示。

4. 壓縮空氣釋能－燃氣蒸汽聯合循環模式

   壓縮空氣釋能同燃氣蒸汽聯合循環共同運行,用於產生高峰電能,工作過程如圖 4-22(a)所表示。

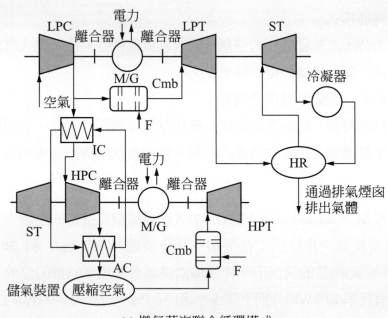

(a) 燃氣蒸汽聯合循環模式

圖 4-22

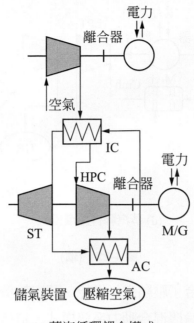

(b) 蒸汽循環耦合模式

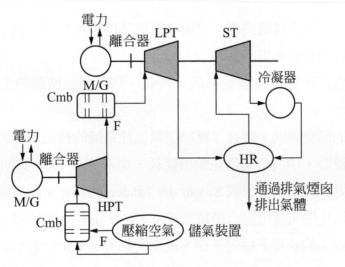

(c) 蒸汽循環耦合模式

圖 4-22　(續)

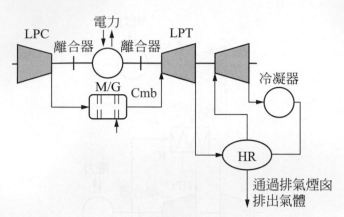

(d) 蒸汽聯合循環模式

圖 4-22　（續）

由此可見，這種系統耦合了壓縮空氣儲能、蒸汽輪機和燃氣輪機三種熱力循環，相比於壓縮空氣儲能－燃氣輪機混合動力系統模式，這種聯合系統具有如下優點：

(1) 工作的方式更加靈活，能更方便自如地調節輸出的功率，達到工況運行的最佳值。

(2) 由於耦合了蒸汽輪機循環，實現了對低品位餘熱的回收利用，因此系統的效率可以得到有效的提高。

(3) 由於耦合了壓縮空氣儲能系統，燃氣－蒸汽聯合循環的系統運行將更加穩定。

科學家 Erri 的研究表明，耦合了壓縮空氣儲能系統的燃氣－蒸汽聯合循環系統，可以有效降低用電時，中高負荷燃氣輪機能耗，功率成本下降約$9/kW；同時混合系統的容量因數也得到提高。科學家 S. van der Linden 的研究表明，耦合了壓縮空氣儲能系統的整體煤氣化燃氣蒸汽聯合循環系統(IGCC)，通過「削峰填谷」手段，可以使整個系統在 80%以上的負荷下穩定工作，從而大幅提高 IGCC 電站的工作穩定性。

四、壓縮空氣儲能－內燃機耦合系統

　　把壓縮空氣儲能系統應用在汽車動力的輸出方面來，此一個單獨的壓縮空氣儲能系統輸出功率比較低，如圖 4-20，導致汽車動力的輸出使續航里程比較有限。因為上述原因，一些相關的學者論證並提出了一個如圖 4-23 所示新的模型，壓縮空氣儲能－內燃機耦合的汽車混合動力模型。這個系統中，當進行壓縮空氣過程的時候，吸收內燃機產生的餘熱之後，利用氣動發動機產生動力，氣動發動機與原本的汽車發動機一起工作，為汽車提供混合的動力。中國大陸的科學家翟昕等論證了一種壓縮空氣儲能－內燃機耦合系統，這個系統的功率為 11.8kW 和壓縮空氣的排氣量是發動機排氣流量的 2 倍，排氣的壓力是 1.5bar。在額定工況下，氣動發動機能從內燃機排氣和冷卻水中吸收 26%和 20%的能量，進而提高內燃機的燃料利用率。同時也對一種以傳統汽車發動機為基礎聯合壓縮空氣儲能系統的混合動力系統進行了分析，這個混合動力系統的內燃機驅動壓縮機得到壓縮空氣，被壓縮的空氣與發動機尾氣混合以後，輸入到氣動發動機輸出軸功，裝備了這樣的動力系統的汽車，它的熱效率可以從 15%提高至 33%。科學家 H. Ibrahim 對壓縮空氣儲能和柴油機鍋合的混合動力系統進行了分析，這個混合系統的工作原理同圖 4-23 相似，應用的領域主要是利用分散式供能和小型/區域電網。此混合系統採用兩台柴油機，分別為 60kW 和 40kW 的輸出功率，單位的輸出功油耗時，混合系統的和單獨柴油機供電相比可以節約 27%。

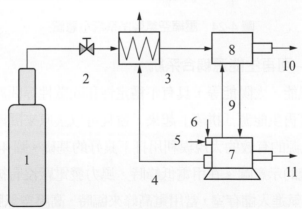

1：儲氣管	5：空氣	9：冷卻水
2：降壓閥	6：燃油	10,11：軸功
3：尾氣換熱器	7：內燃機	
4：尾氣	8：氣動發動機	

圖 4-23　壓縮空氣—內燃機混合動力系統示意圖

五、壓縮空氣儲能－製冷循環耦合系統

高壓空氣在膨脹過程中，氣體的溫度會降低很多，因此可用來當做製冷劑向用戶供冷。科學家 S. Wang 發明一種壓縮空氣儲能－製冷循環耦合系統，如示意圖 4-24 所表示的那樣。這個系統用低谷電能壓縮並儲存空氣；在需要製冷的時候，被壓縮的高壓空氣進入渦輪膨脹，一個原因是渦輪的輸出功可以驅動另一個蒸發製冷循環，另一原因就是，膨脹的空氣的經過渦輪後，渦輪出口空氣溫度降低，能直接爲用戶提供冷氣。那麼以這個系統給一個 200m² 的房間供冷爲例子，這個系統每天持續工作 10 小時，能夠供給 720MJ 冷氣的量，性能參數(COP=製冷量/儲能量)大概是 2.0，運行的費用成本要比同類型的蒸發製冷循環和冰蓄冷系統低很多。

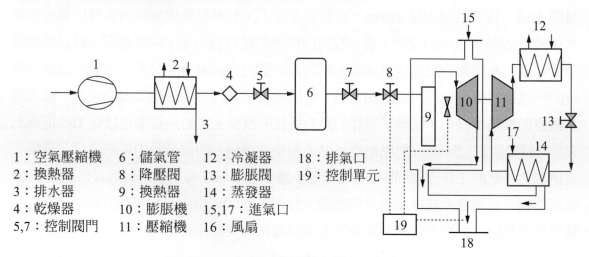

1：空氣壓縮機　6：儲氣管　12：冷凝器　18：排氣口
2：換熱器　8：降壓閥　13：膨脹閥　19：控制單元
3：排水器　9：換熱器　14：蒸發器
4：乾燥器　10：膨脹機　15,17：進氣口
5,7：控制閥門　11：壓縮機　16：風扇

圖 4-24　壓縮空氣製冷系統示意圖

六、壓縮空氣儲能—可再生能源耦合系統

可再生能源如風能、太陽能等，具有不穩定性和間歇性等問題，壓縮空氣儲能系統能夠把間歇式的可再生能源「拼湊」起來，並且可以讓原來間歇的可再生能源穩定地輸出，爲可再生能源的有效的大規模利用打下良好的基礎。圖 4-25 表示了壓縮空氣儲能－風能耦合系統的示意圖。在用電低峰時，風力發電廠沒有被用到的電力驅動壓縮機，被壓縮後的空氣進入儲存室，當用電高峰來臨時，高壓空氣膨脹進入燃氣渦輪，利用膨脹做功來發電，這樣就可以極大的改善風電對電網/用戶的供電不足的情況。採取壓縮空氣儲能－風能耦合的系統這種形式，可能把風電在電網中供電的比例提高至80%，要比傳統的 40%上限高一倍左右。壓縮空氣儲能系統和風力發電系統有兩種耦合方式：(1)從電力銷售方面來看建造壓縮空氣儲能系統的優點是，這樣可以根據電能

的消耗需求來調節儲/釋能，存儲低峰電力時低價電，於用電高峰時，高價出售，從而產生可觀的經濟效益。(2)從風電廠的角度來看，建造壓縮空氣儲能系統，根據風電廠的發電功率調節儲/釋能，並根據風電廠的容量調整輸電線路的載荷，從而不必依據最大發電功率配置輸電線路，因此可以大幅度地提高輸電線路的有效載荷。但它根據發電功率調節儲/釋能，而不是根據市場的電力需求進行調節，所以會比第一種方式的經濟性差。

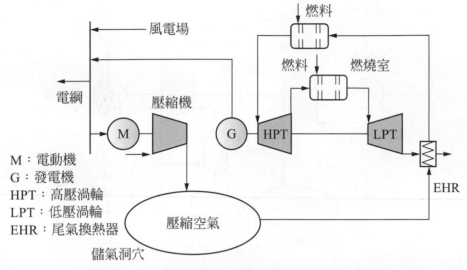

圖 4-25　壓縮空氣儲能—風能耦合系統示意圖

　　把風電系統與圖 4-21 所示的壓縮空氣儲能－燃氣輪機系統耦合，就形成了一種雙模式的壓縮空氣儲能－風能耦合電力系統，如圖 4-26 所示。當儲能的時候，風電驅動壓縮機，產生高壓空氣，並把高壓空氣存入儲氣洞穴。在釋放能量的時候，高壓的空氣燃燒，並驅動渦輪作功，也可以直接切換至燃氣輪機模式，風電驅動電動機－壓縮機產生壓縮空氣，可以代替傳統的燃氣輪機中，需要燃氣渦輪帶動壓縮機部件來壓縮空氣，這部分壓縮空氣進入燃燒室與天然氣燃燒後作功。有文獻論述了一個 25MW 的風電廠，如果該雙模式系統的儲氣洞穴，選用已有的地下岩洞(存儲壓力 50bar)，忽略其成本，在 5MW 功率下每天工作 3 個小時提供高峰耗電量，那麼它的成本約為 $280/MWh，要比當地的高峰電價成本(～$350/MWh)低一些，從長遠角度來講，能節省很多資金成本。

壓縮空氣儲能系統還能與太陽能、生物質能耦合。例如，圖 4-17 表示的壓縮空氣儲能－太陽能熱發電耦合系統，既能節省壓縮空氣儲能系統的燃料成本，又能提高太陽能熱發電系統的穩定性。壓縮空氣儲能系統也能與太陽能光伏發電電站耦合，來緩解光伏發電的間歇性的缺點，穩定光伏發電的網電量。如果壓縮空氣儲能系統電站的燃料採用生物質代替天然氣，和其他常用燃料相比，將更加能降低系統溫室氣體的排放，減少系統對天然氣供應的依賴。

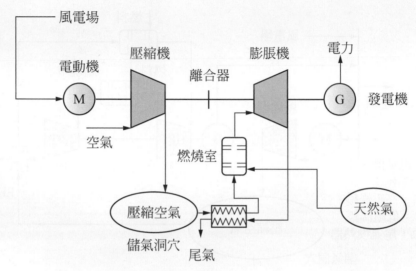

圖 4-26　雙模式壓縮空氣儲能—風能耦合系統示意圖

4-6　系統性能分析

將不同類型的壓縮空氣儲能系統放在一起比較，性能的比較情況如表 4-1 所示。表中的每一項數據總結了不同種類的壓縮空氣儲能系統的性能參數。為方便進行比較，圖 4-27 也引進壓縮空氣儲能系統－燃氣輪機聯合系統模型循環(NGCC)作為參考依據。由表 4-1 可見，每一種的壓縮空氣儲能系統的性能參數大同小異。但是，小型壓縮空氣儲能系統的儲氣壓力的大小和其他類型的系統相比要大很多，因為 AACAES 不燃燒燃料，所以排放的溫室氣體相比其他系統而言是最少的；但是因為安裝了儲存熱量的裝置，因此投資成本和傳統壓縮空氣儲能系統相比要高一些，可達到 $1000/kW。壓縮空氣儲能－風能耦合系統，由於需要預先投入建設風電廠的成本，所以這個混合系統的投資成本較高；但是因為風電為綠色能源，這個系統的溫室氣體排放量相比其他系統而言較低。

表 4-1　不同類型壓縮空氣儲能系統比較比較表

	傳統 CAES	小型 CAES	AACAES	CAES+風能	IGCC
裝機容量(MW)	100～300	0～10	100	100～2700	270～540
儲/釋能時間(小時)	1～24	—	1～24	1～24	—
儲氣壓力範圍(Bar)	74	10～300	100～200	110	～16
熱率(KJ/kwh)	4220	—	0	4220	6700
儲氣系統效率(%)	54	—	～70	～54	57.5
溫室氣體排放(gCequiv/kwh)	180		0	32	411
投資成本($/kw)	700～850	—	1000	1400～2100	621
燃料消耗成本($/GJ)	5	5	0	5	5
固定成本($/kw/年)	4	<4	～4	19	10.8
浮動成本($/kwh)	0.3	<0.3	～0.3	1.1	0.13

　　壓縮空氣儲能系統同其他不同類型儲能系統比較相比，壓縮空氣儲能系統具有開關速度快(±27%最大負荷每分鐘)、容量大、工作時間長、經濟性能好、充放電循環多等優點。有文獻給出了目前世界上在工作的不同類型儲能系統的性能參數之比較，具體包括：

1. 壓縮空氣儲能系統可以建造大型電站(＞100MW)，僅次於抽水電站；壓縮空氣儲能系統能夠持續工作數小時甚至數天，工作時間持續比較長，如圖 4-27(a)。

2. 壓縮空氣儲能系統的建造成本和運行成本都比較低，和鈉硫電池、液流電池和抽水蓄能電站相比，要遠遠低於它們的建造成本，具有很高經濟性，如圖 4-27(b)。

3. 壓縮空氣儲能系統的壽命比較長，可以上萬次地儲存能量和釋放能量，壽命可以達到 40～50 年；並且效率可以達到約 70%，這個效率已經接近抽水蓄能電站如圖 4-27(c)。

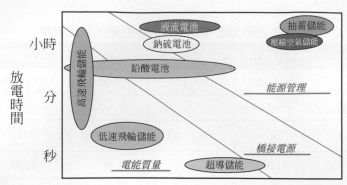

(a) 儲能技術功率對比

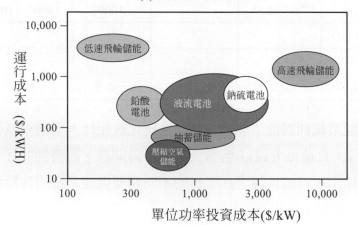

(b) 儲能技術成本對比

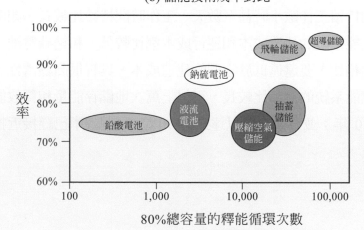

(c) 儲能技術效率對比

圖 4-27

4-7 壓縮空氣儲能的優點

壓縮空氣儲能的優點主要有儲能容量大、工作時間長、經濟性高、充放電循環次數多等優點，具體如下：

1. 規模上僅次於抽水電站儲能系統，比較適合建造大型的儲能電站。壓縮空氣儲能系統能夠提供電能持續不間斷工作數個小時甚至數天，工作時間較長。

2. 建造和運行的成本比較低，與鈉硫電池或液流電池等儲能系統相比成本要低，同時也比抽水蓄能電站成本低，有很高的性價比。在加熱原料上的選擇，僅使用很少甚至不使用天然氣或石油等燃料加熱壓縮空氣，燃料成本的比例逐步下降。

3. 對場地的限制較少。儘管把壓縮空氣儲存在適合的地下礦井或溶岩下的洞穴中是最經濟的方式。但是，現代的壓縮空氣儲存也可以用地面儲氣罐取代地下的礦井或洞穴。

4. 壽命比較長。通過維護的手段，壽命可以達到 40～50 年，與抽水蓄能的 50 年的壽命很接近。效率能夠達到 60%左右，也和抽水蓄能電站的效率相當。

5. 安全性和可靠性比較高。壓縮空氣儲能系統使用空氣作為原料，無燃燒，也沒有爆炸的危險，不產生任何對環境有毒有害氣體。如果不幸發生儲氣罐漏氣事故，儲氣罐中的壓力突然降低，而高壓空氣既不會爆炸也不會燃燒。

1. 壓縮空氣儲能的優點爲何？

2. 右圖爲壓縮空氣儲能系統運作過程中，內部空氣的 T-S 圖，請依圖片介紹壓縮空氣儲能系統中的空氣的 4 個狀態。

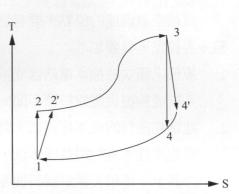

3. 請問若一壓縮空氣儲能發電站之儲氣礦洞大小爲 10^5 M^3 要使礦洞內之空氣壓力達到 10 大氣壓，壓縮機約要消耗多少能量？

4. 請簡述壓縮空氣儲能系統所使用到的部件，及各部件的用途。

5. 請敘述壓縮空氣儲能及燃燒空氣釋能時，系統分別會使用那些構件？

6. 請依規模不同，簡述壓縮空氣儲能系統有那些規模，以及各規模的分類方式及用途。

7. 請列舉壓縮空氣儲能有哪些耦合方式。

8. 請簡述壓縮空氣儲能－燃氣/蒸汽聯合迴圈耦合系統有哪些模式，這種耦合系統有何優點。

9. 請問先進絕熱壓縮空氣儲能系統與一般壓縮空氣儲能系統的差異爲何？

10. 下圖爲美國 McIntosh 發電廠的發電系統，請依圖片介紹他的運作過程及原理。

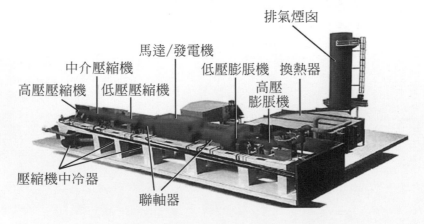

1. Chen, H., et al., Progress in electrical energy storage system: A critical review. Progress in Natural Science, 2009. 19(3): p. 291-312.

2. Jensen, J., Energy storage / J. Jensen. 1980, London ; Boston: Newnes-Butterworths.

3. McLarnon, F.R. and E.J. Cairns, Energy storage. Annual review of energy, 1989. 14(1): p. 241-271.

4. Ribeiro, P.F., et al., Energy storage systems for advanced power applications. Proceedings of the IEEE, 2001. 89(12): p. 1744-1756.

5. Ter-Gazarian, A., Energy storage for power systems. 2011: The Institution of Engineering and Technology.

6. Administration, U.S.E.I.; Available from: http://www.eia.gov/.

7. Williams, S.S.a.R.H., Compressed Air Energy Storage: Theory, Resources, And Applications For Wind Power.

8. 陳海生等人, 壓縮空氣儲能技術原理. 儲能科學與技術, 2013(2): p. 146-151.

9. 張新敬等人, 壓縮空氣儲能技術研究進展. 儲能科學與技術, 2012(1): p. 26-40.

10. F., C., Compressed   Air Storage. In: Energy autonomy: Storing Renewable Energies.

11. Mack, D., Something new in power technology. Potentials, IEEE, 1993. 12(2): p. 40-42.

12. Bullough, C., et al., Advanced adiabatic compressed air energy storage for the integration of wind energy. i Proceedings of the European Wind Energy Confer, London, 2004.

13. Robert B. Schainker, M.N., PramodKulkarni,Tom Key, New Utility Scale CAES Technology: Performance and Benefits (Including CO2 Benefits).

14. Van Der Linden, S. Integrating Wind Turbine Generators (WTG's) with GT-CAES (Compressed Air Energy Storage) stabilizes power delivery with the inherent benefits of Bulk Energy Storage. in ASME 2007 International Mechanical Engineering Congress and Exposition. 2007. American Society of Mechanical Engineers.

15. Kalogirou, S.A., Solar thermal collectors and applications. Progress in energy and combustion science, 2004. 30(3): p. 231-295.

16. Kenisarin, M. and K. Mahkamov, Solar energy storage using phase change materials. Renewable and Sustainable Energy Reviews, 2007. 11(9): p. 1913-1965.

17. Mills, D., Advances in solar thermal electricity technology. Solar energy, 2004. 76(1): p. 19-31.

18. Philibert, C., The present and future use of solar thermal energy as a primary source of energy. International Energy Agency, Paris, France, 2005.

19. Donatini, F., et al. High efficency integration of thermodynamic solar plant with natural gas combined cycle. in Clean Electrical Power, 2007. ICCEP'07. International Conference on. 2007. IEEE.

20. Eckroad, S. and I. Gyuk, EPRI-DOE handbook of energy storage for transmission & distribution applications. Electric Power Research Institute, Inc, 2003.

21. Grazzini, G. and A. Milazzo, Thermodynamic analysis of CAES/TES systems for renewable energy plants. Renewable Energy, 2008. 33(9): p. 1998-2006.

22. Kim, Y. and D. Favrat, Energy and exergy analysis of a micro-compressed air energy storage and air cycle heating and cooling system. Energy, 2010. 35(1): p. 213-220.

23. Vongmanee, V. and V. Monyakul. A new concept of small-compressed air energy storage system integrated with induction generator. in Sustainable Energy Technologies, 2008. ICSET 2008. IEEE International Conference on. 2008. IEEE.

24. Limiled, S., Status of Electrical Energy Storage System. 2004.

25. Albany, N., Joseph Sayer,Houston, Tx,DavePemberton,JimJewitt,Overland Park, KS and M.F. Ryan Pletka, Terry Meyer,San Diego, CA Mike Ward, Bob Bjorge,Barrington, IL Dave Hargreaves,Schenectady, NY Gary Jordan,, MINI-COMPRESSED AIR ENERGY STORAGE FOR TRANSMISSION CONGESTION RELIEF AND WIND SHAPING APPLICATIONS.

26. Technology, E., Review of Electrical Energy Storage Technologies and Systems and of their Potential for the UK.

27. Beukes, J., et al. Suitability of compressed air energy storage technology for electricity utility standby power applications. inTelecommunications Energy Conference, 2008. INTELEC 2008. IEEE 30th International. 2008. IEEE.

28. Bossel, U., Thermodynamic analysis of compressed air vehicle propulsion. Journal of KONES Internal Combustion Engines, 2005. 12: p. 3-4.

29. Knowlen, C., et al., Quasi-isothermal expansion engines for liquid nitrogen automotive propulsion. 1997, SAE Technical Paper.

30. 陳鷹與許宏, 壓縮空氣動力汽車的研究與發展. 機械工程學報, 2002. 38(11): p. 7-11.

31. 劉昊等人, 壓縮空氣動力汽車集成技術. 機電工程, 2003. 20(5): p. 95-97.

32. Akita, E., et al. The Air Injection Power Augmentation Technology Provides Additional Significant Operational Benefits. in ASME Turbo Expo 2007: Power for Land, Sea, and Air. 2007. American Society of Mechanical Engineers.

33. Nakhamkin, M., M. Chiruvolu, and C. Daniel, Available compressed air energy storage (CAES) plant concepts. Energy, 2010. 4100: p. 0.81.

34. Nakhamkin, M., et al., Second generation of CAES technology-performance, operations, economics, renewable load management, green energy. POWER-GEN International, Las Vegas, 2009.

35. Nakhamkin, M., et al. New compressed air energy storage concept improves the profitability of existing simple cycle, combined cycle, wind energy, and landfill gas power plants. in ASME Turbo Expo 2004: Power for Land, Sea, and Air. 2004. American Society of Mechanical Engineers.

36. Schainker RB, N.M., Kulkarni P, Key T., New Utility Scale CAES Technology: Performance and Benefits (Including C22 Benefits): EPRI.

37. Yoshimoto, K. and T. Nanahara, Optimal Daily Operation of Electric Power Systems with an ACC-CAES Generating System. IEEJ Transactions on Power and Energy, 2003. 123: p. 1164-1171.

38. Creutzig, F., et al., Economic and environmental evaluation of compressed-air cars. Environmental Research Letters, 2009. 4(4): p. 044011.

39. David Huang, K., K.V. Quang, and K.-T. Tseng, Study of recycling exhaust gas energy of hybrid pneumatic power system with CFD. Energy Conversion and Management, 2009. 50(5): p. 1271-1278.

40. Huang, K.D. and S.-C. Tzeng, Development of a hybrid pneumatic-power vehicle. Applied Energy, 2005. 80(1): p. 47-59.

41. 翟昕, 俞小莉與劉忠民, 壓縮空氣-燃油混合動力的研究. 浙江大學學報: 工學版, 2006. 40(4): p. 610-614.

42. Ibrahim, H., et al., Study and design of a hybrid wind–diesel-compressed air energy storage system for remote areas. Applied Energy, 2010. 87(5): p. 1749-1762.

43. Wang, S., et al., A new compressed air energy storage refrigeration system. Energy conversion and management, 2006. 47(18): p. 3408-3416.

44. 郭中緯與朱瑞琪, 冷熱聯供的空氣製冷不可逆迴圈分析. 工程熱物理學報, 2004(S1).

45. Cavallo, A., Controllable and affordable utility-scale electricity from intermittent wind resources and compressed air energy storage (CAES). Energy, 2007. 32(2): p. 120-127.

46. Denholm, P. and R. Sioshansi, The value of compressed air energy storage with wind in transmission-constrained electric power systems. Energy Policy, 2009. 37(8): p. 3149-3158.

47. Lund, H. and G. Salgi, The role of compressed air energy storage (CAES) in future sustainable energy systems. Energy Conversion and Management, 2009. 50(5): p. 1172-1179.

48. Salgi, G. and H. Lund, System behaviour of compressed-air energy-storage in Denmark with a high penetration of renewable energy sources. Applied Energy, 2008. 85(4): p. 182-189.

49. Zafirakis, D. and J. Kaldellis, Economic evaluation of the dual mode CAES solution for increased wind energy contribution in autonomous island networks. Energy policy, 2009. 37(5): p. 1958-1969.

50. Lerch, E. Storage of fluctuating wind energy. in Power Electronics and Applications, 2007 European Conference on. 2007. IEEE.

51. Available from: http://www.electricitystorage.org/ESA/technologies/.

52. Schoenung, S.M., et al., Energy storage for a competitive power market. Annual review of energy and the environment, 1996. 21(1): p. 347-3

飛輪儲能

5-1　飛輪儲能工作原理

　　飛輪儲能系統–Flywheel-based Energy Storage System (FESS)藉由旋轉運動將能量以動能形式儲存，可將能量儲存在高速轉動的飛輪轉子中，是典型的機械儲能技術，因其不用任何化學電池或是他項電器性質裝置來儲存能量，故有無環境污染、使用壽命長、工作環境溫度範圍大、幾乎可說充放能量次數無限制等優點。儘管有如此多的優點，但是受限於材料、軸承、能量轉換等技術，在發展上卻不如預期。近來隨著科技的進步、能源價格高漲以及對環境保護需求呼聲日急，這項機械儲能技術漸露頭角，很可能一躍成為儲能技術的明日之星。故特撰此章節加以介紹，首先說明其工作原理，可用圖 5-1 來表示。　[1]

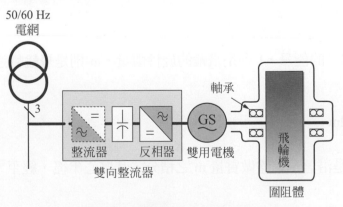

圖 5-1　飛輪儲能系統架構圖[2]

如圖 5-1 所示，正中央外殼(enclosure)包裝著飛輪(flywheel)，為主要機械儲能元件，在外殼中高速旋轉儲存機械動能，其能量來源是來自一具馬達/發電機雙用電機(electrical machine)，經由一具雙向變流器(bidirectional converter)，將來自於 50/60Hz 供電的電網能量，在儲能時經直流器(rectifier)將交流電改成直流電，送入逆變器(inverter)，經逆變過程後，以不同頻率的電力供應給雙用電機，此過程主要是配合飛輪轉速值，將雙用電機作為馬達，高速轉動提升飛輪動能，以達到儲能的目的；而在放出能量時，則是將雙用電機做為發電機，以逆變器調整其發電頻率，此時直流器不作動，因此為虛線狀態，直接由逆變器精確調整供電頻率，供應至 50/60Hz 電網，而達成儲能與放能之目的。實際的飛輪儲能系統，可參見圖 5-2 所示。

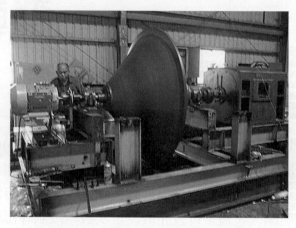

圖 5-2　實際組裝的飛輪儲能裝置

如圖 5-2 所示為真實飛輪儲能裝置，中央有一巨大飛碟盤裝置，即為旋轉儲存動能之裝置，可高速旋轉，並依下列公式進行能量的轉換：

$$E = \frac{1}{2}I\omega^2 \tag{5-1}$$

其中 E 為儲存的能量，I 則是飛輪的旋轉慣量，ω 則是飛輪轉速。下式為飛輪慣性之計演算法：

$$I = \int r^2 dm \tag{5-2}$$

其中 r 指的是沿著飛輪盤做質量 m 之積分，其質心半徑，經平方後乘以其質量，即為其慣性值。

　　利用上式原理以轉動慣量儲能的飛輪裝置，依目前製造技術可達成千瓦特(kW)到百萬瓦特(MW)的能量儲存，電能到動能轉換效率可達85%，但慣性轉換成為電能時，由於動能釋放在雙向電機轉成發電機型態時，會快速取走動量，因此，其放電時間僅在數秒到數十秒之間，無法持續長期放電，這是飛輪儲能的限制。但也因其不使用任何化學與電性材料，使其可靠度非常高，能多次充放電，壽命可達 20 年以上。現行商業化之飛輪系統，可依飛輪轉速區分為低速系統(轉速約每分鐘六千轉以下)及高速系統(轉速可達每分鐘數萬轉至十萬轉)。

　　其中，低速飛輪儲能系統多為鋼構或是鋁擠型飛輪，使用傳統機械式軸承以及非同步電機，意即可能有滑差轉速的電動機，透過飛輪與轉動件獨立耦合，或是磁阻電動機，透過排列磁極旋轉產生動能到電能之轉換，其儲能等級較低，約在 kW 等級，主要應用則是用於電力系統由市電轉換成不斷電系統(UPS)供電時，作為同步供電頻率，調整電力品質之用，如圖 5-2 照片所示，即為一低轉速飛輪儲能系統，透過大型鋼構之飛輪轉子，用以調整供電系統電力品質。

　　高速飛輪系統是最新的發展，藉由材料技術之突破，採用複合材料，包含玻璃纖維與碳纖維複合材料，以其強度可允許極高的轉速運行，也由於轉速極快，必須採用永磁同步電動機，藉由轉速控制同步，使高速運行的飛輪，能與 50-60 Hz 的市電同步，透過飛輪直接與電動機轉動件整合，進行對頻供電，同時因其轉速極高，飛輪必須使用氣動式軸承，或是磁浮軸承，使轉動件不跟固定式底座有任何接觸，確保高速飛輪運行不受摩擦阻力干擾，能儲存 MW 等級能量，可實現一大型儲能系統，與現有電網整合供電，確保在數秒等級的能源供應落差，可迅速被飛輪儲能系統整合，由此降低整個電網的備轉容量，提高電能利用率，或是與再生能源系統整合，在大自然提供再生能源不穩定的期間，供電以使整體電網不至於崩解，維持再生能源系統的穩定供電，或是用於車輛過彎時儲存煞車動能，出彎時可補足加速能量，以及航空太空工程之應用，是前述儲能系統明日之星的發展，低速與高速飛輪儲能系統，參數比較列表如表 5-1。

表 5-1　飛輪儲能系統分低速與高速系統比較

比較參數	低速飛輪儲能系統	高速飛輪儲能系統
飛輪轉速	< 6000 rpm	$10^4 \sim 10^5$ rpm
儲能量級	kW 等級	MW 等級
飛輪材質	鋁擠型或鋼構	複合材料，包含玻璃纖維與碳纖維材料
電機設計	多為非同步電動機或是磁阻式電動機	永磁同步電動機
機械設計	飛輪與電動機轉動件各自獨立	飛輪直接與電動機轉動件整合
軸承設計	機械式軸承	氣動軸承或磁浮式軸承
主要應用	調整電力品質	儲能系統整合電網、提高再生能源應用效率、汽車動能回收、航空太空應用等

如表 5-1 所示，低速與高速飛輪儲能系統，主要差異為飛輪轉子材料，是否能提供高張力，使其能承受高轉速運行，並由此決定儲存能量等級之高低，對應於單位體積，飛輪儲能系統可儲存的能量密度(Energy density) e_v，以及對應到單位質量，飛輪系統儲能密度 e_m，可由下式來表示：

$$e_v = K \cdot \sigma_{\theta,u} \tag{5-3}$$

$$e_m = K \cdot \frac{\sigma_{\theta,u}}{\rho} \tag{5-4}$$

上兩式中 $\sigma_{\theta,u}$ 是材料抗張強度值，單位為 MPa，代表材料可以提供最大張力以因應高速旋轉產生的離心力，是決定單位體積與體位元質量儲能密度的重要參數，ρ 是材料密度，K 則是由前述公式(5-2)經積分距離平方與質量分佈後，所得到的飛輪轉子構型係數。

依前二式計算，並假設 K 值為 0.5 的情況下，對應到常見的五種飛輪轉子材質，包含鋁(aluminum)、鋼(steel)、玻璃纖維強化複合材料(glass E/epoxy)、碳纖維中度強化複合材料(graphite HM/epoxy)及碳纖維高度強化複合材料(graphite HS/epoxy)，其單位體積所儲存的能量密度 e_v，以及所對應到的單位元質量儲能密度 e_m，數值整理如表 5-2 所示。

表 5-2　飛輪轉子使用各種材質性質參數[1]

材質	密度(kg/m³)	抗張強度(MPa)	能量密度(MJ/m³)	儲能密度(kJ/kg)
鋁	2700	500	251	93
鋼	7800	800	399	51
玻璃纖維強化複合材料	2000	1000	500	250
碳纖維中度強化複合材料	1580	750	374	237
碳纖維高度強化複合材料	1600	1500	752	470

如表 5-2 整理，材料抗張強度直接與單位元體積儲能密度相關，比較強度值由鋁材到碳纖維複合材料，強化了三倍，由 500 到 1500 MPa，同樣單位元體積儲能密度也足足增加了三倍，由每立方米 250 MJ 到 750 MJ；質輕的材料也是極佔便宜，以表 5-2 中，碳纖維中度強化與高度強化的複合材料，材料密度相當 1580～1600 kg/m³，兩者的單位體積儲存能量因其強度差異，儲能密度也因此提高了兩倍以上。目前，所達成以單位重量計，每公斤可有 468.8 kJ，此一數值可與熟知的智慧手機電池比較，一般智慧手機所用充電電池，其儲能量約為 10,000 mAh，供電為 3.3V，重量約為 500 g，儲能密度換算為 237.6 kJ/kg，與飛輪儲能系統相比，鋰電池雖勝過鋁擠與鋼構的儲能密度，但在飛輪儲能系統發展到使用強化複合材料後，儲能密度可以超過現行電池，足證飛輪儲能是一項極具潛力的儲能技術發展。

在計算前述儲能密度時，使用轉子構型係數 K = 0.5，此為傳統金屬材料，如鋁擠型或鋼構材質，實現的飛碟盤狀構型，如圖 5-2 所示，因質量分佈在離旋轉中心越遠的半徑 r 值上，其單位質量造成的旋轉慣量呈平方倍數增加，如公式(4-2)所示，為此，會造成極大的離心力量，若抗拉強度不足，則會造成盤面斷裂，因此，技術層次較低的飛輪轉子設計，多採用飛碟圓盤構型(disc of laval)。

材料強度之進化，改採實心圓盤(solid disc)，也是鋼構飛輪常用的構型，其 K 值增加一倍，為 1，主要就是質量分佈在離軸心較遠的半徑 r 上，由公式(5-3)、(5-4)可知，實心圓盤構型因其 K 值增加，可將飛輪儲能系統儲能密度提升一倍。

更進一步由強化纖維材料，將實心圓盤中央改成中空構型(ring)，由於纖維材料在單一方向有極大的強度，因此可以將中央打空，形成支撐的肋狀架構，K 值可進一步提高，常見的飛輪轉子構型與利用公式(5-2)所得 K 值，整理如圖 5-3。

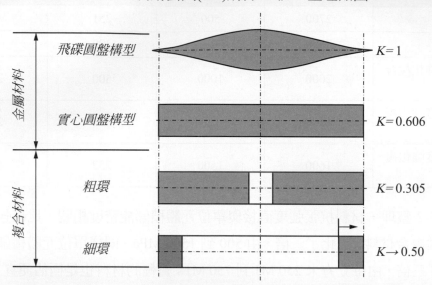

圖 5-3　飛輪轉子主要設計構型種類與其 K 值[2.3]

如圖 5-3 所示，構成細環(thin ring)構型的轉子，因其質量都分佈在離軸心較遠的半徑位置上，因此有最大的 K 值能到 1 值，但要有這樣的構型，就需要有堅韌的材料，支撐遠距質量旋轉造成巨大的離心力，因此，飛碟盤型與實心圓盤可以用一般金屬材料(metals)，如鋁擠型或鋼構來做，但環狀轉子就必須使用複合材料(composites)，由玻璃纖維或碳纖維強化的材料，提供肋狀支撐來製作。此外，由飛碟盤型到空心圓環的構型，K 值可由 0.5 增加到 1.5，依公式(5-3)，(5-4)計算，其儲能密度整整增加了 3 倍，也由此成就表 5-1 中整理，高轉速飛輪儲能系統，能將能量儲存由 kJ 推高至 MJ 以上。

5-2　飛輪儲能應用實例

如上一節中圖 5-2 所示的飛輪儲能系統實體，為國內實驗性組裝之設備，由其飛碟圓形構造可知其為金屬材料，且是屬於低轉速的飛輪儲能系統，此類設備通常應用於調整電力品質，儲能量在 kW 等級，標榜無電池等化學儲能裝置，目前，已有美國 Active Power 公司，推出 CleanSource 系列產品，儲能容量為 120 kW，與不斷電系統(UPS)結合工作，在電網斷電的瞬間，備用發電機未動作之前，啟動飛輪儲能供電，避免電力中斷，同時又可由非同步電動機克服滑差，校正電力頻率到符合供電電網頻率上，圖 5-4 顯示了 Active Power 配合不斷電系統的 CleanSource 飛輪儲能裝置。

圖 5-4　美國 Active Power 推出 CleanSource 系列儲能量 120 kW 飛輪儲能裝置[4]
https://sanwen8.cn/p/1f8IBUS.html

如圖 5-4 所示商品化的飛輪儲能裝置，左下角清楚可見其鋼構的實心圓盤轉子，依前節之介紹，其 K 值約略為 1，金屬材料限制其應屬於 6000 RPM 的低轉速系統，儲能容量在 kW 等級，為 120 kW。其產品名為 CleanSource，主要是提供免蓄電池的不斷電系統，因此，不造成化學材料之汙染，安裝在電器機房的飛輪儲能裝置系統如圖 5-5 所示。

圖 5-5　實際安裝在供電機房的飛輪儲能系統[5]

如圖 5-5 所示的飛輪儲能系統，若把量體擴大，可形成一趨近於電廠的規模，2010年美國 Beacon Power 公司獲得 4 千 3 百萬美金融資，籌建一個 20 MW 放電量的儲能電廠，該電廠與供電電網並聯，可支應約 15 分鐘的電力供應缺口，此飛輪儲能電廠是由 100 kW 的單一飛輪儲能系統，以陣列矩陣組合而成，圖 5-6 顯示為電廠架構與陣列排出的飛輪儲能裝置，圖 5-7 則顯示了單一飛輪儲能裝置。

(a) 美國Beacon Power公司建立的飛輪儲能放電廠建設場址

(b) 廠址中每一個車載式飛輪儲能系統矩陣的細部

圖 5-6　以飛輪儲能裝置經陣列組合後可形成 20 MW 放電量之電廠[6]

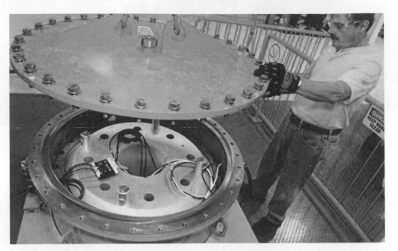

(a) 陣列形飛輪儲能裝置置
入於每一個藍色井中,此
為飛輪儲能裝置外觀

(b) 上蓋打開後可見中空圓盤飛輪轉子

圖 5-7　單一飛輪儲能裝置[7]

　　圖 5-6 顯示了陣列形飛輪儲能裝置形成的發電廠規模,提供 20 MW 瞬間放電量,此在紐約州史蒂芬鎮修建的飛輪儲能電廠,是由 20 個車載式飛輪儲能系統矩陣,置入於圖 5-6(b)所示的藍色井中,如圖 5-6(a)之規模總計共 200 個飛輪組成,每一個藍色井置放之飛輪儲能裝置與其轉子型式可參見圖 5-7,如圖 5-7(b)所示,明顯可見中空環形,白色以複合材料製作的飛輪轉子,將圖 5-2、圖 5-4 及圖 5-7 進行比較,轉子由飛碟盤型、實心圓盤到中空圓盤構型,均可由前一節飛輪儲能系統運作原理中,增加 K 值以提升儲能密度之作法來加以說明,且材質也不斷改進,由鋁擠型飛碟盤、鋼構實心圓盤到複合材料中空圓盤,材料之改進亦使得儲能密度有所提高,並由此實現一巨大儲能發電廠。

　　飛輪除用於不斷電系統外,亦在車輛上有相關應用,如圖 5-8 所示動能回收裝置(kinetic energy recovery system,KERS)。

　　如圖 5-8 所示之系統,用於 F1 賽車上,利用高速旋轉的碳纖維中空圓盤飛輪,可參見圖 5-8 右邊黑色轉子,將煞車能量加以儲存,在加速時再釋放出來作為額外的動力輸出,與前述不斷電系統將轉子能量透過雙向電機轉成電力儲存不同,動能回收裝置純粹利用齒輪作轉動慣性的輸入與輸出轉換,如圖 5-8 左邊齒輪箱,故應正名為飛輪動能回收裝置,由於無須發電機,所以其結構緊湊,重量也輕,非常適合競技車輛之使用,但真實應用於販售汽車,目前則尚無商業化之案例。

圖 5-8　賽車車輛上利用飛輪在入彎煞車時儲存動能，再在出彎時釋放動能
　　　　以利加速所構成之動能回收裝置[8]

　　另一項飛輪儲能系統極具展望的應用，是結合風力發電再生能源裝置，如圖 5-9
所示。一般風力均呈現不穩定的波動，當有額外能源時，可先儲存在飛輪儲能裝置內，
當風力不足時，再由飛輪儲能裝置放出能源，以兩種裝置穩定對電網輸出 50/60 Hz 對
頻的能量，依研究文獻指出，這樣的裝置在天候不穩定，風速約 5～10%的紊流擾動
狀況下，原本可能因紊流低速造成無法發電，但加裝動能回收裝置後，可將紊流能量
以 91.9%的比例回收，使整體風能利用效率提高至 97.1%，是飛輪儲能非常具備潛力
的應用狀況。

風力發電機藉由飛輪儲能裝置平滑輸出電能

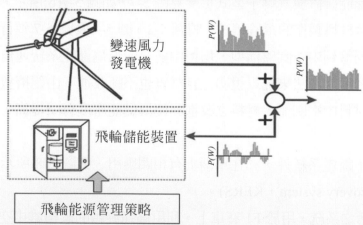

圖 5-9　風力發電機與飛輪儲能系統整合可在風力不穩定時，發揮能量回饋
　　　　效果，提供電網穩定的電力供應[9]

　　實質上，這樣概念的垂直軸風力發電機已經量產，如圖 5-10 所示，該發電機於三瓣風扇葉片中央加裝一藍色的慣性轉子作為飛輪儲能的轉子，使之與再生能源裝置風扇葉片整合。當瞬間風速不足時，即可由轉子發揮穩定運轉的功能，再透過電源管理裝置輸出穩定電流。

(a) 垂直軸風力發電機利用中央藍色的慣性轉子

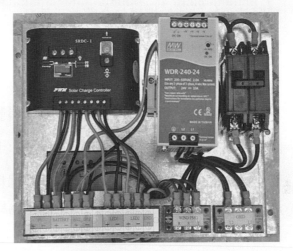

(b) 透過電源管理裝置輸出穩定的電能

圖 5-10　慣性動能回收裝置概念應用於垂直軸風力發電機[10]

　　飛輪儲能與再生能源的整合，適足以其瞬時放電，補充再生能源不穩定之特性，共同發揮穩定供電的特性，由電力調度來實現再生能源穩定供給能量，再由飛輪儲能裝置無環境污染、使用壽命長、工作環境溫度範圍大、幾乎可說充放能量次數無限制等優點，共同實現人類綠色生活、永續發展之願景。

1. 請簡述飛輪儲能的原理。

2. 請簡述飛輪儲能的優缺點。

3. 請簡述飛輪儲能的機構包含哪些元件？

4. 請比較目前商用型的飛輪系統的差異。

5. 請列舉飛輪系統的應用。

6. 請簡述飛輪儲能所使用的飛輪由哪些材料製成，其性能分別為何？

7. 請簡述為何飛輪儲能很適合與生質能(ex：風力發電)結合使用？

8. 若有一間廠房產線要做不斷電系統，產線耗電量約為 50 千瓦/小時，如果要使用碳纖維複合材料(能量密度=752 MJ/m³)為材質的飛輪做不斷電系統的轉子材料的話(設一碳纖維複合材料飛輪體積為 0.05 立方公尺)，且飛輪轉換電能之轉換率假設為 85%，請問此不斷電系統要幾枚飛輪才能負荷 3 小時的斷電？

9. 若一碳纖維複合材料飛輪，K 值為 0.6，材料密度為 1600，材料抗張強度值為 1500，請問此飛輪的能量密度及儲能密度為多少？

10. 高速飛輪及低速飛輪的分辨方式為何，分別適合應用在哪些情況呢?兩者相對應的軸承的選擇分別為何呢？

參考文獻

1. 唐西勝，劉文軍，周龍，齊智平，飛輪陣列儲能系統的研究。儲能科學與技術，Vol. 2, No. 3, May 2013, pp. 208-220.

2. R. Sebastia´n, R.Peña Alzola, Flywheel energy storage systems： Review and simulation for an isolated wind power system. Renewable and Sustainable Energy Reviews 16 (2012) 6803–6813.

3. Holm SR. Modelling and optimization of a permanent magnet machine in a flywheel. PhD thesis. Delf University of Technology, Netherlands;2003.

4. https://sanwen8.cn/p/1f8IBUS.html

5. https://kknews.cc/news/6kyn8el.html

6. https://www.forbes.com/sites/ucilawang/2013/06/18/beacon-power-to-build-a-flywheel-plant-tokeep-the-grid-in-good-health/#69862c5e3e99

7. https://standardspeaker.com/news/power-company-goes-bankrupt-1.1227602

8. KERS explained： how a mechanical Kinetic Energy Recovery System works, http：//www.f1fanatic.co.uk/2009/01/11/kers-explained-how-a-mechanical-kinetic-energy-recovery-system-works/

9. Francisco Díaz-González, Andreas Sumper, Oriol Gomis-Bellmunt, Fernando D. Bianchi, Energy management of flywheel-based energy storage device for wind power smoothing. Applied Energy 110 (2013) 207–219.

10. https://www.360doc.com/cantent/15/1219/20/6405405_521582667.shtml

轉述文獻

1. Ruddell A. Investigation on storage technologies for intermittent renewable energies： evaluation and recommended R&D strategy. Investire-network storage technology report ST6： flywheel.Contractno.ENK5-CT-2000-20336; 17June2003 / http：//www.itpower.co.uk/investire/pdfs/flywheelrep.pdfdS.

2. Genta G. Kinetic energy storage： theory and practice of advanced flywheel systems. Butterworth-HeinemannLtd.; February 1985.

3. SEE Information Portal - Technologies – Enabling Energy Storage by Flywheel, www.see.murdoch.edu.au

4. Flywheel power grid storage project gets DOE loan, http：//news.cnet.com/8301-11128_3-20013005-54.html

6

大型抽蓄水力發電介紹

6-1　水力發電介紹

水力發電(Hydroelectric power)是運用水的位能差轉換成電能的方式發電,其原理是將水從高水位落下,利用重力作用推動低水位的水輪機旋轉,並帶動發電機產生電力。

水力發電的發電成本相較於目前較廣泛應用的發電,例如火力發電、核電、太陽能來的低,但與風力發電成本相當。相較於太陽能及風能等再生能源,水力發電相對穩定,但並不及火力發電及核能發電穩定,其原因為水源及水流量會隨著季節、氣候而改變。水力發電靈活性在所有輸電網絡當中為調節性最好的電源之一,由於一開閘門就立即發電,可有效調節尖峰用電。除了提供廉價電力外,還有下列之優點:可有效控制洪水氾濫、提供農業灌溉用水,有關工程同時也改善該地區的交通、電力供應和經濟。

然而水力發電對環境有其不可逆的破壞,相比太陽能、風力發電等再生能源,水力發電較不環保。而且水庫式水電站壽命有限,可持續發展方面也不及其他再生能源,但一般情況下仍比石化燃料發電來的環保。水力發電因水壩深度相當深,在水壩底層會形成缺氧層,造就生物的厭氧分解,動植物分解後形成甲烷,也有少量的二氧化碳。

6-2　抽蓄水力發電原理

　　慣常水力發電的流程為：河川的水經由攔水設施攫取後，經過壓力隧道、壓力鋼管等水路設施送至電廠，當機組須運轉發電時，打開主要閥門，後開啟導翼將水衝擊水輪機，水輪機轉動後帶動發電機旋轉，發電機加入電路後，發電機建立電壓，並於斷路器投入後開始將電力送至電力系統。如果要調整發電機組的出力，可以調整導翼的展開度增減水量來達成，發電後的水經由水路回到河道，供給下游的用水使用。

　　水力發電量的決定因數，來自水所產生的功率正比於重力位能損失(水自來源處掉落)的比率，重力位能的變化等於水的重量乘以水頭的垂直高度，功率的公式如下式。

$$功率 = \frac{\Delta(PE)}{時間} = 重量 \times \frac{垂直掉落距離}{時間} \tag{6-1}$$

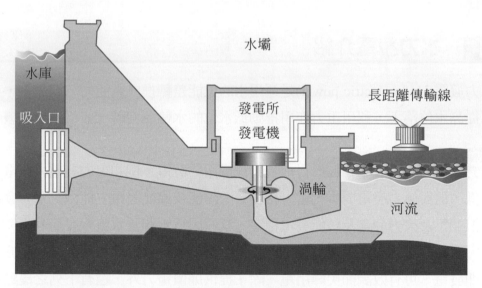

圖 6-1　水力發電原理[1]

6-3 抽蓄水力發電種類

按照水源的性質，水電站一般可分為：

一、常規水力發電站

1. 水庫式水力發電

   水庫式水力發電(Conventional hydroelectricity)，又稱堤壩式水力發電。水庫式發電為附加於水庫的發電站設施，如果其所依附之水庫蓄水量夠大，足以涵蓋一季或一年的洪水量，供該發電站配合電力系統負載需求使用。

   一般路徑如下：

   水庫 → 進水口 → 壓力鋼管電廠 → 尾水路

2. 川流式水力發電

   川流式水力發電(Run of the river hydroelectricity)，又稱引水式水力發電或徑流式水力發電。川流式發電為最基本之水力發電方式，其直接引水自河川，並利用水流之高低落差帶動水輪機進行發電，因為川流式水力發電站的堤壩相當小，有的甚至沒有堤壩。流經的水若不用作發電就會即時流走。

   一般路徑如下：

   取水堰 → 進水口 → 水路 → 沉沙池 → 水路 → 水槽 →
   壓力鋼管 → 電廠 → 尾水路

3. 潮汐發電

   潮汐發電是以因潮汐引致的海洋水位升降發電。一般都會建水庫儲內發電，但也有直接利用潮汐產生的水流發電。全球適合潮汐發電的地方並不多，英國有八處地適合，估計其潛能促以滿足該國 20%的電力需求。

二、抽水蓄能式電站

抽水蓄能式水力發電(Pumped-storage hydroelectricity)，為一種儲存能量方式，但並不是能量來源。當電力需求低時，多出的電力產能繼續發電，推動電泵將水泵至高位儲存，到電力需求高時，便以高位的水作發電之用。此法可以改善發電機組的使用率，在商業上非常重要。

一般路徑如下：

上池 → 進水口 → 壓力鋼管 → 抽蓄電廠 → 下池

6-4　水力發電設備之規模與型式

一、水力發電規模可分為三型

1. 最大型者，以大水庫之發電為主，其電力在 30 MW 以上者
2. 中型者，則在 100 kW 以上 30 MW 以下
3. 最小型則為 100 kW 以內。

二、水輪機型式

1. 柏爾頓水輪機(Pelton Turbine)

   依照其發電方式，又稱為衝擊式水輪機，將壓力水流轉換為速度水流，以推動水輪機。並將水流經由噴嘴噴射在水輪週邊的輪葉，以推動水輪機發電。一般多用於高水頭，小流量的地方。利用加強水噴至渦輪葉片的衝力，以提高渦輪機的轉速，進而提高水力發電量。

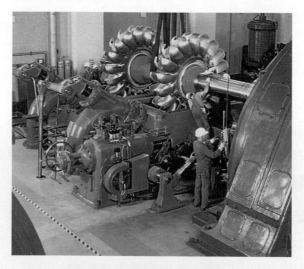

圖 6-2　伯爾頓水輪機[2]

2. 法蘭西斯輪機(Francis Turbine)

將有壓力的水流在封閉而飽和的渦輪室中作用在整個水輪上，法蘭西斯式水輪機用在中水頭，大流量的地方。

3. 螺旋片式輪機(Propeller Turbine)

螺旋槳水輪機分為胸射型與上射型，使用於低水頭，並且可以依水流量的大小，來設計螺旋槳的角度。

(a) 胸射型水車　　　　　　　　　(b) 上射型水車

圖 6-3　水車[3]

6-5　水力發電優缺點

一、優點

1. 水為乾淨、可再生之能源。
2. 水力發電效率可達 90%。
3. 可依照需求量供電。
4. 可改善洪水氾濫情形。
5. 適時提供農業灌溉用水。

二、缺點

　　並非所有地點都適合建置水庫，除了需要考量地形及水源是否充足外，還需要考慮當地居民影響及環境破壞等因素。

水庫的建置會導致上游大面積土地被水淹沒，動植物棲息地遭破壞，改變原有生物環境。而下游同樣會受到影響，沉積物因水庫建置而大幅減少，使下游河床被沖刷，導致水土流失，改變下游原有河岸風貌。

水庫整體建置費用高，且存在許多安全疑慮，例如水庫潰堤將導致當地居民的生命危害及經濟損失，所以在建置水庫的前置作業，包含當地地質考察、設計規劃、測試到完成，其投入成本相當高昂。建築費用相當高，潰堤會導致大量人命傷亡及經濟損失，因此水壩質量必需極高，大型水壩承受巨大水壓，地質勘查、設計、計劃、測試及建造等成本相當高。

6-6 　著名水力發電廠介紹

一、台灣-明潭發電廠

圖 6-4　明潭發電廠[5]

1. 位置

   明潭抽蓄水力發電廠位於大觀二廠下池壩下游約四公里處，亦即於南投縣水裡鄉車埕村附近水裡溪河谷興建一座高 61.5 公尺之混凝土重力壩形成下池，並利用以日月潭為上池間平均淨水頭 380 公尺做抽蓄水力發電。

2. 沿革

明潭發電廠是繼大觀抽蓄水力發電廠後之另一重要尖峰電源工程，因工業社會裡一天內的用電量有很大的變化，深夜用電量僅約白天的六成。由於國內用電量急劇增加，為謀提高機組效率以降低發電成本，發電機組逐漸大型化，而擔任基載的大型核能與火力機組為了運轉效率不能大量減載，故於深夜用電量少時必有剩餘，但白天尖峰時段之發電量又常不足；抽蓄機組恰可利用離峰時剩餘之電力抽取下池之水貯存於上池，並於尖峰時再利用上池之水發電，以補充系統尖峰發電量之不足。

(1) 76 年 9 月工程開工。

(2) 78 年 11 月電廠正式成立。

(3) 81 年 4 月首次並聯運轉。

(4) 82 年 12 月機組陸續商業運轉。

(5) 84 年 6 月工程竣工。

(6) 88 年 3 月與鉅工、北山、濁水及電保中心一部份人員合併。

(7) 94 年 12 月 15 日濁水機組除役，目前被列為縣定古蹟，更新之機組於 100 年 3 月完工。

3. 設備概況

(1) 抽蓄機組

明潭抽蓄機組以日月潭為上池，利用兩條壓力隧道引水，有效落差為 380 公尺，裝置可逆型法蘭西斯式抽水/水輪機及電動/發電機 6 部，每部機容量 26.7 萬瓩，總裝置容量 160.2 萬瓩，每年可發電約 24 億度。抽蓄機組之功用為利用夜間離峰電力執行抽水運轉，於日間進行發電運轉，供應系統尖峰用電，可調整系統頻率，兼具穩定電壓提高電力品質。下池容量可連續發電及抽水時間各為 6.7 小時及 7.8 小時。

(2) 水裡機組

在下池壩下游建造裝置容量 12,750 瓩之豎軸法蘭西斯式水輪發電機 1 部。

(3) 鉅工分廠

利用大觀一廠發電後的尾水與銃櫃溪匯合處築堰成調整池供蓄水發電，裝置豎軸法蘭西斯式水輪發電機 2 部，每部容量 21,750 瓩，於民國 26 年竣工，每年可發電約 1.5 億度。

(4) 北山機組

位於南投縣國姓鄉，建於民國 10 年，截取南港溪之水流為發電用水。於民國 78 年更新設備，電廠裝置容量擴增為 4,320 瓩，為一川流式無人值班電廠。每年發電量約為 2,100 萬度。

(5) 濁水機組

建於民國 10 年 2 月，主要提供烏山頭水庫興建用電。濁水機組於 94 年 12 月 15 日除役，機組更新為裝置容量 3,607 瓩 100 年 3 月商轉。

 ## 6-6-2 中國-長江三峽水力發電站

圖 6-5　三峽大壩發電廠一景[6]

三峽水電站總裝機容量 1,820 萬千瓦，年平均發電量 846.8 億千瓦時。它將經濟發達、能源不足的華東、華中和華南地區提供可靠、廉價、潔淨的再生能源。

1. 位置

三峽大壩的選址最初有南津關、太平溪、三斗坪等多個候選壩址。最終選定的三斗坪壩址，位於葛洲壩水電站上游 38 公里處，地勢開闊，地質條件為較堅硬的花崗岩，地震烈度小。江中有一沙洲中堡島，將長江一分為二，左側為寬約 900

米的大江和江岸邊的小山罈子嶺，右側爲寬約 300 米的後河，可爲分期施工提供便利。

2. 沿革[7]

三峽工程又稱長江三峽水利樞紐工程，是綜合治理長江和開發利用長江水資源的關鍵性建設，由大壩、水力發電廠、通航建築物及茅坪溪防護壩等主體建築物構成，從左岸至右岸，樞紐建築物佈置依次爲：船閘、垂直升船機、左岸非溢流壩段和電源電站、左岸電站、洩洪壩段、右岸電站、右岸非溢流壩段、右岸地下電站，並分三個階段進行施工。

(1) 第一階段(1993～1997)：爲施工準備期及一期工程，以大江截流完成爲目標，主要進行圍堰填築、導流明渠填築及修築船閘等工程爲主。

(2) 第二階段(1998～2003)：爲二期工程，以實現水庫初期蓄水 135 m，首批水力發電機組發電運轉及五線船閘通航爲目標，主要進行洩洪壩段、左岸大壩、左岸發電廠和永久船閘工程。

(3) 第三階段(2004～2009)：爲三期工程，以左、右水力發電廠 26 台機組全部發電及三峽主體工程建設完成爲標的，修建右岸大壩、右岸發電廠、地下電站、電源電站、左岸發電廠後續工程及洩沙通道爲主要工程。

2009 年底三峽工程全部完工，2010 年 10 月蓄水達 175 m 最終水位，歷經 17 年的建設，三峽工程成就了防洪、發電、補水、航運等多目標效益的水利樞紐，如圖 6-6 所示。

圖 6-6　三峽工程全景[8]

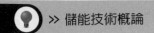

3. 設備概況

左岸電站於三峽工程二期工程中開始興建，配置 14 台單機容量為 70 萬 kW 水輪發電機組，首台機組於 2003 年 7 月運轉發電，2005 年 9 月全部機組提前一年完工併網發電運轉。2006 年 10 月三峽工程成功蓄水至 156 m，左岸電站首次達成 98 萬 kW 滿負荷穩定運行；右岸電站設置 12 台 70 萬 kW 水輪發電機組，首台自製機組於 2007 年 6 月併網運轉，2008 年 10 月 12 台機組全部完工投入商業運轉；地下電站為後期擴建之電廠，配置 6 台 70 萬 kW 水輪發電機組，並於 2012 年 7 月完成運轉；為確保三峽工程安全運行和電力系統安全而興建之自備電源電站，為地下式廠房，配置 2 台 5 萬 kW 水輪發電機組，2003 年 9 月興建，2007 年 2 月完工投入運轉。三峽水力發電廠之總裝機容量為 2,250 kW，為全球裝機容量最大的發電廠，多年平均發電量為 882 億 kW/h，年最大發電量可超過 1,000 億 kW/h，為中國境內西電東送和南北互供的重要電力供應點。

1. 何謂水力發電？

2. 請簡述水力發電與其他發電的比較。

3. 請簡述水力發電的優缺點。

4. 請簡述水力發電的流程。

5. 請簡述水力發電的功率計算公式。

6. 請簡述水力發電站的種類。

7. 請簡述水力發電規模的分類。

8. 請簡述水輪機型式的發電機種類。

9. 請簡述柏爾頓水輪機的發電方式。

10. 請舉例說明台灣與大陸知名的抽蓄水力發電廠。

參考文獻

1. https://www.energyland.emsd.gov.hk/tc/energy/renewable/hydro.html

2. https://www.wikiwand.com/zh-mo/%E4%BD%A9%E7%88%BE%E9%A0%93%E5%BC%8F%E6%B0%B4%BC%AA%E6%A9%9F

3. 教育部能源教育知識網-水力發電原理，資料來源:大同大學光電工程研究所林炯暐副教授，

    http://www.enedu.org.tw/GreenEnergy/ge-2.php

4. 日月潭國家風景管理處。

5. http://travel.yam.com/Article.aspx？=48593

6. http://zh.wikipedia.org/wiki/%E6%B0%B4%E5%8A%9B%E799%BC%e9%9B%BB

7. 長江三峽水利樞紐工程，維基百科。

    https://zh.wikipedia.org/wiki/%E9%95%B7%E6%B1%9F%E4%B8%89%E5%B3%A1%E6%B0%B4%E5%88%A9%E6%9E%A2%E7%BA%BD%E5%B7%A5%E7%A8%8B

8. https://www.ntdtv.com/xtr/b5/2016/01/08/a1246017.html

轉述文獻

1. 朱書麟, "水力發電工程", 科技圖書, 1991.

2. 許如霖, 陳敏村, "水力發電", 財團法人中興工程科技研究發展基金會, 2005.

3. 鄭開傳, "水力發電", 中國電機工程學會, 1976.

4. 黃柏松, "實用水力工程學", 三民圖書, 1998.

5. 水力發電原理-維基百科，

7

CHAPTER

電池

電池概論

　　電池的工作的原理是將活性物質中的化學能經氧化還原反應轉換成電能。在 18 世紀末，義大利醫生賈法尼(Luigi Galvani)在偶然的情況下，將銅製的解剖刀碰觸到放在鐵盤上的青蛙，使青蛙發生抽蓄的狀況，於是他認為此現象是因為有微量的電流通過。爾後，此現象引起義大利物理學家伏打(Alessandro Volta)的興趣，進而投入相關的研究。伏打將含有食鹽水的棉布夾在銀和鋅的圓板間，按照次序有規則的排列，堆砌成圓柱，再利用導線連接最上層的銀板和最下層的銅板，發明出最早的電池－伏打電池，如圖 7-1。伏打的實驗證實：將可以導離子的物質夾在兩種不同的金屬中，再以導線做連接，即可產生電流。

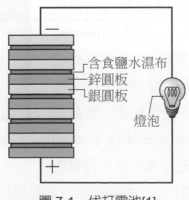

含食鹽水濕布
鋅圓板
銀圓板
燈泡

圖 7-1　伏打電池[1]

電池的反應可視爲一種電化學反應，是電極材料上產生氧化及還原反應所造成電子與離子的流動。一個電化學反應槽的基本構造，包括：正極(positive electrode, cathode)、負極(negative electrode, anode)、隔離膜(separator)、電解液(electrolyte)、集電器(current collector)，以及容器(container)，如圖 7-2。其中，電解液主要的功能是讓電池內部的離子可以自由的移動，提供電流的通路，它必須擁有良好的離子導電性。而隔離膜的功用則是將正負極隔開，避免兩極接觸造成短路，引起電池自行放電的反應。只有單一個反應槽通常稱爲單元電池(cell)，由兩個以上的單元電池串聯或並聯所構成的組合，稱之爲組合電池(battery)。

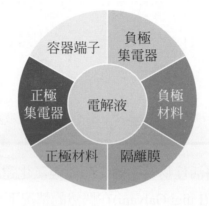

圖 7-2　電池的組成

當電池進行放電時，正極接收電子進行還原反應(即陰極反應)，負極則釋放出電子進行氧化反應(即陽極反應)。當電池進行充電時，正、負極的反應則恰好相反，如圖 7-3。

市售電池的種類琳瑯滿目，大致可以區分爲：一次電池以及二次電池。一次電池(primary battery)又稱爲拋棄式電池，主要是因爲當它們電量耗盡時，無法再進行充電，只能將其丟棄。常見的一次電池有：碳鋅電池、鹼性電池、水銀電池以及鋅空氣電池。二次電池(secondary battery)又稱爲蓄電池，其優點是再充電後可多次循環使

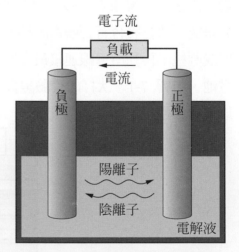

圖 7-3　電池反應的基本原理

用，常見的二次電池有：鉛酸電池、鎳鎘電池、鎳氫電池，以及鋰離子二次電池。

　一次電池

 7-2-1　碳鋅電池

　　日常生活中常見的碳鋅電池又稱為碳鋅乾電池、鋅錳電池，由法國人勒克朗舍 (Leclanché)所發明，是當今生活中使用廣泛的一次電池。傳統乾電池的構造如圖 7-4 所示，利用罐狀的鋅金屬作為負極，其亦可當作電池的容器，並以二氧化錳和碳粉作為正極材料，碳棒則是用以引導正極之電流，電解液為氯化銨、氯化鋅水溶液及澱粉所調成的糊狀物所組成。

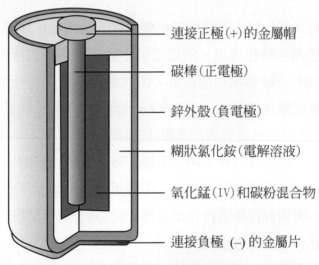

　　連接正極(+)的金屬帽

　　碳棒(正電極)

　　鋅外殼(負電極)

　　糊狀氯化銨(電解溶液)

　　氧化錳(IV)和碳粉混合物

　　連接負極 (−) 的金屬片

圖 7-4　碳鋅電池構造[2]

　　其中，此電池正極的碳棒與二氧化錳中所混合的碳只負責引出電流，並不參與反應，正極實際參與還原反應的是二氧化錳，因此，碳鋅電池又可稱為鋅錳電池。當操作溫度為 25℃時，其提供的電壓約為 1.5 V。反應方程式如下：

負極

$$Zn_{(s)} \rightarrow Zn^{2+}_{(aq)} + 2e^-$$　　　　　　　　　　　　　　　　　　　(7-1)

正極

$$2NH^+_{4(aq)} + 2e^- \rightarrow 2NH_{3(aq)} + H_{2(g)} \tag{7-2}$$

$$2MnO_{2(s)} + H_{2(g)} \rightarrow Mn_2O_{3(s)} + H_2O_{(l)} \tag{7-3}$$

$$Zn^{2+}_{(aq)} + 2NH_{3(aq)} + 2Cl^-_{(aq)} \rightarrow Zn(NH_3)_2Cl_{2(s)} \tag{7-4}$$

總反應

$$Zn_{(s)} + 2NH_4Cl_{(aq)} + 2MnO_{2(s)} \rightarrow Zn(NH_3)Cl_{2(s)} + Mn_2O_{3(s)} + H_2O_{(l)} \tag{7-5}$$

　　碳鋅乾電池中的二氧化錳主要作為氧化劑，目的是將氯化銨經反應中產生出來的氫氣氧化成水，避免產生極化作用，所以二氧化錳又稱為「去極劑」(de-polarizer)，又二氧化錳能使電池的正極導電功能正常，因此還可稱為「復極劑」。此外，電解液中的氯化銨會在正極反應生成 NH_3，有利於 Zn 的離子化，而添加氯化鋅可以吸收 NH_3 形成 $Zn(NH_3)_2Cl_{(s)}$，亦可降低電解液的冰點(抗凍劑)。

　　當碳鋅電池使用一段時間以後，由於金屬鋅被氧化成為鋅離子，鋅外殼會逐漸變薄，此時電解液可能會從電池中洩漏出來，使得電池表面變黏。此外，因為電池內部的氯化銨為弱酸性，可與鋅電極進行化學反應，在靜置一段時間後，即使碳鋅電池從未使用過，鋅外殼亦會因而慢慢變薄。

　　碳鋅電池的優點係擁有較低廉的價格，但儲電量有限，因此大多應用於遙控器、閃光燈等簡單的日常電子用品。

7-2-2　鹼性電池

　　鹼性電池是由普通碳鋅電池發展而來，係使用鹼性的氫氧化鉀或氫氧化鈉水溶液取代原先的酸性電解液。一般生活中所說的鹼性電池特指鹼性的鋅錳電池。鋅錳電池是以鹼性的氫氧化鉀水溶液作為電解液，二氧化錳作為正極，將碳鋅電池的鋅筒更改為鋅粉作為負極，使反應面積增加，進而提供較大放電電流，鹼性電池的工作電壓約為 1.5 V，內部構造如圖 7-5 所示。鋅錳電池是任職於美國勁量的 Lewis Urry 在 1950 年代所發明，並在 1957 年申請專利。其反應方程式如下：

負極

$$Zn_{(s)} + 2OH^-_{(aq)} \rightarrow Zn(OH)_{2(s)} + 2e^- \qquad (7\text{-}6)$$

正極

$$MnO_{2(s)} + H_2O_{(l)} + e^- \rightarrow MnOOH_{(s)} + OH^-_{(aq)} \qquad (7\text{-}7)$$

總反應

$$Zn_{(s)} + 2MnO_{2(s)} + 2H_2O_{(l)} \rightarrow Zn(OH)_{2(s)} + 2MnOOH_{(s)} \qquad (7\text{-}8)$$

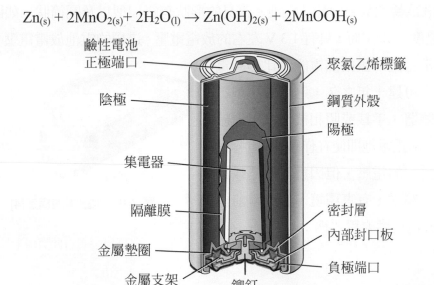

圖 7-5 鹼性電池內部構造[3]

　　相較於碳鋅電池，鹼性電池的負極係採用鋅粉作爲電極，提供較多的反應面積，可讓更多的物質同時發生化學反應，此外鹼性電解質的離子導電度較酸性者佳，使得鹼性電池輸出的電流較碳鋅電池大。鹼性電池提供的電容量亦較碳鋅電池高，因爲採用純度高、密度高的正極二氧化錳和負極鋅粉，可提供的電容量爲碳鋅電池的三至五倍。鹼性電池的電量會隨著輸出的電流增加而減小，較高的反應電流不但會使電容量下降，也會使得電池放電時溫度上升。此種電池的電解液氫氧化鉀不參與反應，儲存壽命較長，但長期放置的鹼性電池仍會有自放電的行爲，少許的氫氣生成或是不銹鋼罐體腐蝕都可能造成電解液外漏的情況。由於電解液氫氧化鉀爲鹼性物質，對皮膚、眼睛和呼吸道均有腐蝕刺激性，也會侵蝕金屬、破壞電子零件，因此使用上必須留意。

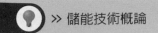

 ### 7-2-3　水銀電池

　　水銀電池,亦稱為鋅汞電池,雖早在一百多年前便已為人知,但直到 1942 年在金頂(Duracell)電池的創始者,山謬‧魯本(Samuel Ruben)和 Mallory 公司的共同開發之下,才開始大量使用於彈藥、金屬探測器和對講機等軍事用途上,而到了第二次世界大戰後才逐漸被民間使用。水銀電池使用氧化汞(亦可添加少許氧化錳)作為正極,並混合部分石墨以提升氧化汞的導電度;負極則是使用鋅粉,電解液則是氫氧化鉀水溶液,因為電解液為鹼性故屬於鹼性電池。常見的形狀有鈕扣型以及圓筒狀,如圖 7.6 所示。當操作溫度在 25℃時,具有 1.3 V 左右的放電電壓。這類的電池放電電壓平穩,開路電壓也非常穩定,體積儲電能量比碳鋅電池高,保存年限可達十年之久,適用於小型電子裝置如:助聽器、手錶或照相機上。不同於多數其他電池,水銀電池即使在僅剩 5%電容量時,仍可保有穩定的電壓,但因為其價格較昂貴,且含有重金屬汞,有害環境,因此目前已減少使用。其放電反應方程式為:

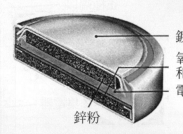

圖 7-6　水銀電池構造[4]

（鍍鎳鋼殼、氧化汞和石墨粉、電解質、鋅粉）

負極

$$Zn_{(s)} + 2OH^-_{(aq)} \rightarrow ZnO_{(s)} + H_2O_{(l)} + 2e^- \tag{7-9}$$

正極

$$HgO_{(s)} + H_2O_{(l)} + 2e^- \rightarrow 2Hg_{(l)} + 2OH^-_{(aq)} \tag{7-10}$$

總反應

$$Zn_{(s)} + HgO_{(s)} \rightarrow ZnO_{(s)} + Hg_{(s)} \tag{7-11}$$

　　因為重金屬汞有污染環境的疑慮,後來以氧化銀來取代正極的氧化汞,其反應為:$Zn + Ag_2O \rightarrow ZnO + 2Ag$,亦可提供平穩的放電電壓(約為 1.5 V),常用於較小的電器用品上,如計算機、助聽器等。

7-2-4　鋅空氣電池

　　鋅空氣電池被視爲鋅汞電池的替代品，其構造與碳鋅乾電池相似，所使用的負極材料均爲金屬鋅，而正極材料則是空氣中的氧氣，電解液採用鹼性的氫氧化鉀水溶液，其構造如圖 7-7 所示。雖然正極所使用的是氣體，在儲存時一般保持密封所以基本上無自放電的行爲。然而一旦開封使用之後，罐體便無法密閉，則電解液的成分會隨環境的溫度以及濕度而改變，進而影響電池的性能。此電池的開路電壓約爲 1.4 V，但工作電壓會隨放電條件的不同而在 1.0～1.2 V 間變化。因爲鋅空氣電池安全、便宜，且可以提供較高的能量密度，因此長期以來吸引了許多的關注。不同於傳統的電池將所有的電化學活性物質都包裝在電池中，鋅空氣電池是一種開放系統，以空氣中的氧作爲反應物以產生電流，所以此款電池擁有更高的能量密度。目前爲止，此款電池的效能表現主要適用於較小型的設備上，如：助聽器、照相機等。其反應機制爲：

負極

$$Zn_{(s)} + 2OH^-_{(aq)} \rightarrow ZnO_{(s)} + H_2O_{(l)} + 2e^- \qquad (7\text{-}12)$$

正極

$$O_{2(g)} + 2H_2O_{(l)} + 4e^- \rightarrow 4OH^-_{(aq)} \qquad (7\text{-}13)$$

總反應

$$2Zn_{(s)} + O_{2(g)} \rightarrow 2ZnO_{(s)} \qquad (7\text{-}14)$$

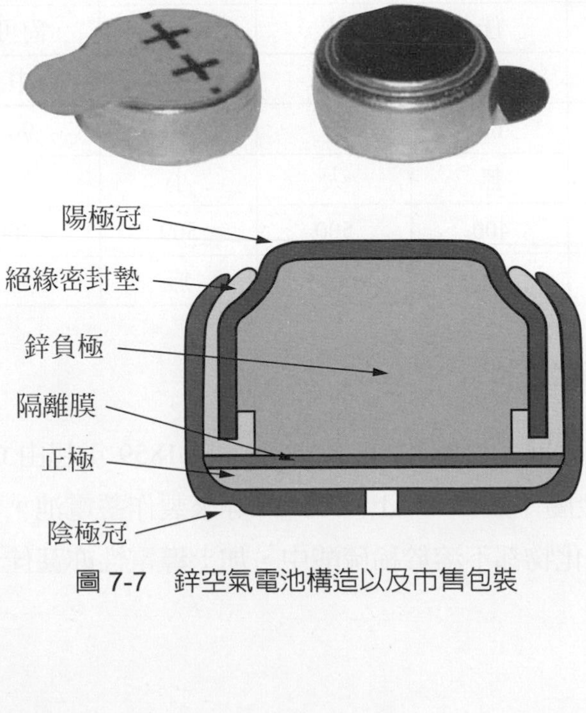

陽極冠
絕緣密封墊
鋅負極
隔離膜
正極
陰極冠

圖 7-7　鋅空氣電池構造以及市售包裝

7-3　二次電池

　　二次電池之發展起始於 1859 年生產的鉛酸電池，其歷經百年歷史的技術改良，目前仍是技術發展最為成熟的二次電池。1900 年代之後則陸續發明了鎳鎘電池和鎳氫電池，鎳系電池的應用是二次電池發展的一大突破。1950 年針對電池小型化與密封的技術改良後，二次電池開始廣泛應用於各類電子、通訊、視聽設備及照明等產品。如此廣泛的應用及商機也帶動了二次電池的研發。時至今日，電極材料、電解質、電池設計與封裝的研究在學術界或產業界依舊蓬勃發展。

　　此章節針對目前市面上最常見的四種二次電池做一系列的介紹，此四種二次電池長久以來廣泛地應用於電子產品，其電容量、尺寸、重量、安全性及應用領域皆於消費者心中有深刻印象，包括鉛酸電池、鎳鎘電池、鎳氫電池、鋰離子電池，其電池特性如表 7-1 所示。

表 7-1　常見二次電池種類及其特性[5]

電池類型	鉛酸電池	鎳鎘電池	鎳氫電池	鋰錳電池	酸磷鋰鐵電池
工作電壓(V)	2V	1.2V	1.2V	3.7V	3.3V
體積能量密度(Wh/L)	100	150	250	285	270
重量能量密度(Wh/kg)	30	60	80	110	120
功率(W/kg)	300	150	800	400	2000
安全性	佳	佳	佳	尚可	優
充電時間	長	短	中	中	短
能量效率(%)	60	75	70	90	95
記憶效應	無	大	小	無	無
循環壽命	400	500	500	>500	>2000
環保問題	有	有	無	無	無

 ### 7-3-1　鉛酸電池

　　鉛酸電池是一項發展歷史悠久的二次電池，自 1859 年起由 Gaston Plante(法國物理學家)嘗試以不同金屬，如 Pb、Al、Cu、Pt 等來製作蓄電池，發現鉛的放電表現最佳。且鉛金屬及其氧化物都不溶於稀硫酸中，加上導電性亦甚佳，因此 Plante 開始研究以鉛爲電極、稀硫酸爲電解液的蓄電池。至今，鉛酸電池的技術發展已相當成熟，是目前電化學電池中發展歷史最久且成本最低的電池，其廣泛應用於不斷電系統(Uninterruptible Power Supply，UPS)、家用蓄電池、引擎啓動器或車燈電源。鉛酸電池的優點在於價格具競爭力、易製造、功率密度高；缺點爲壽命短、能量密度低、效率差、不環保。即便如此，在目前甚受注目的電動車、電動機車，鉛酸電池仍被視爲短期內最可能使上述產品商業化所採用的電池之一。

鉛酸電池的正極爲二氧化鉛、負極爲鉛金屬、電解液爲稀硫酸。整體電池結構如圖 7-8 所示，主要包含正負極板、隔板、電池槽、電解液和接線端子。

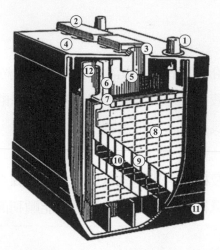

1.端子　　　　7.極板帶
2.氣孔蓋子　　8.負極板
3.出氣孔　　　9.隔離板
4.電瓶蓋　　　10.正極板
5.電解液　　　11.電瓶殼
6.電池間銲接部　12.電池分離部

圖 7-8　鉛酸電池透視圖[6]

放電化學反應爲正負極活性物質(二氧化鉛及鉛金屬)和電解液(稀硫酸)，反應生成硫酸鉛和水，其正負極反應式和總反應式如下：

負極

$$Pb_{(s)} \rightarrow Pb^{2+}_{(aq)} + 2e^- \tag{7-15}$$

$$Pb^{2+}_{(aq)} + SO_4^{2-}_{(aq)} \rightarrow PbSO_{4(s)} \tag{7-16}$$

正極

$$PbO_{2(s)} + 4H^+_{(aq)} + 2e^- \rightarrow Pb^{2+}_{(aq)} + 2H_2O_{(l)} \tag{7-17}$$

$$Pb^{2+}_{(aq)} + SO_4^{2-}_{(aq)} \rightarrow PbSO_{4(s)} \tag{7-18}$$

總反應

$$PbO_{2(s)} + Pb_{(s)} + 2H_2SO_{4(aq)} \rightarrow 2PbSO_{4(s)} + 2H_2O_{(l)} \tag{7-19}$$

由上式可知，電池放電時，正極進行還原反應、負極進行氧化反應。在充電時則相反，即正極進行氧化反應、負極進行還原反應。正極半反應(PbO_2 / $PbSO_4$)之標準還原電位 E_0 = 1.7V(相對於標準氫電極)；負極半反應(Pb / $PbSO_4$)之標準還原電位 E_0 = － 0.35V，因此一個單電池可提供的電壓約 2V。由反應式亦可看出，鉛酸電池的充放電反應是兩階段的溶解－析出機制，放電時正負極活性物皆先溶解成鉛離子，再於電極上反應析出硫酸鉛。同時電解液也會參與反應，生成副產物爲水。

鉛酸電池發展歷史悠久，爲因應各種不同的應用而發展出上述各類電池。在各類儲電元件中，鉛酸電池主要有兩大特點，此兩優勢使鉛酸電池能歷久不衰並具有廣泛的商業普及性：

1. 可靠性佳

鉛酸電池放電時，正負極皆生成硫酸鉛，其在硫酸中溶解度相當低，約 10^{-3} g/L。所以電極不會因爲充放電而溶於電解液中，導致電極形狀改變。故鉛酸電池可以多次充放電仍保持穩定狀態，是相當良好的二次電池特性。

2. 成本低

鉛酸電池的主要原料有鉛粉、鉛合金及硫酸，皆屬成本低廉者。與鎳系電池，如鎳鎘電池、鎳氫電池比較，成本相對低很多。此亦爲鉛酸電池能順利商品化的因素之一。

鉛酸電池發展至今，縱使逐漸被鎳氫電池和鋰離子電池所取代，但由於其普及性和商業化程度皆高，目前仍是重要的電化學儲能系統。在電動車和蓄電池儲能系統這兩項受注目的新技術發展當中，鉛酸電池仍佔有一席之地。主因在於鉛酸電池提供了一種低成本、低風險的特性，只要提升其能量密度、功率密度及快速充電能力，仍具有發展潛力。綜觀之，鉛酸電池是過去數十年來最重要的儲電元件，而在當今邁向次世代儲能裝置的過程中，鉛酸電池仍是一重要的過渡系統。

7-3-2 鎳鎘電池

自 1899 年瑞典人 WaldemarJanger 發明鎳鎘電池起，距今已有百年歷史。鎳系電池的實用化，是二次電池發展過程中重大的突破。鎳鎘電池具有耐過充過放、放電電壓平穩等特性，同時使用壽命長。這些優點使得鎳鎘電池極適合電動工具或防災設備等使用條件嚴苛的產品配備。而後在 1950 年電池小型化與密封性改良成功後，更被廣泛應用於各種消費性電子產品、資訊通訊產品、視聽設備、安全照明設備及特別是需短時間大電力供應的攜帶型電動工具機，進而帶動二次電池技術的快速成長。但因其活性物質成本較高、鎘重金屬污染、淺充放電時的記憶效應等缺陷，在後續鎳氫電池及鋰離子電池崛起後，逐漸在充電式電動工具中退出市場，目前小型 3C 產品已甚少使用鎳鎘電池，故整體鎳鎘電池市場規模正有逐年縮小之勢。

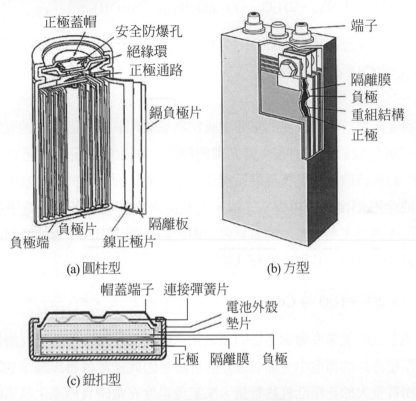

圖 7-9　鎳鎘電池的結構與設計[7]

　　鎳鎘電池正極為氫氧化亞鎳(NiOOH)、負極使用金屬鎘(Cd)、電解液為濃度 6～8 M 的氫氧化鉀(KOH)。其電池可設計成圓柱型、鈕扣型或方形，如圖 7-9 所示。鎳鎘電池放電原理係(充電反之)由位在負極的金屬鎘與氫氧化鉀中的氫氧根離子(OH^-)，經反應生成氫氧化鎘附著於負極並同時產生電子；電子沿外線路至正極，再與正極的氫氧化亞鎳反應形成氫氧化鎳($Ni(OH)_2$)附著在正極上。因負極半反應中所消耗的氫氧根離子，會在正極半反應中產生，故氫氧化鉀溶液濃度不會隨著放電時間而改變。其正負極反應式和總反應式如下：

負極

$$Cd_{(s)} + 2OH^-_{(aq)} \rightarrow Cd(OH)_{2(s)} + 2e^- \tag{7-20}$$

正極

$$2NiO(OH)_{(s)} + 2H_2O_{(l)} + 2e^- \rightarrow 2Ni(OH)_{2(s)} + 2OH^-_{(aq)} \tag{7-21}$$

總反應

$$Cd_{(s)} + 2NiO(OH)_{(s)} + 2H_2O_{(l)} \rightarrow Cd(OH)_{2(s)} + 2Ni(OH)_{2(s)} \tag{7-22}$$

其中，正極半反應($NiOOH/Ni(OH)_2$)之標準還原電位 $E_0 = 0.5V$(相對於標準氫電極)；負極半反應($Cd/Cd(OH)_2$)之標準還原電位 $E_0 = -0.8V$，因此一個單電池可提供 1.3V 的電壓。

當電池過度充電時，其反應的主要生成物為氫氣和氧氣。因為電池充電時，正極氫氧化鎳全部氧化成氫氧化亞鎳；當充電飽和時，電池中無足夠的氫氧化鎳可供氧化，則系統中的水將取代氫氧化鎳進行氧化產生氧氣。而在負極中，當所有的氫氧化鎘皆已還原成金屬鎘後，若再繼續充電，則改由水中的氫離子接受電子還原產生氫氣。此時，正極過度充電所產生的氧氣會立即與鎘結合，因此不會使密封的電池氣壓太高而產生爆炸的危險，其反應方程式如下：

$$Cd + 1/2O_2 + H_2O \rightarrow Cd(OH)_2 \tag{7-23}$$

雖然負極產生的氫氣亦會與正極的氫氧化亞鎳金屬片結合，但是反應速率太慢，造成氫氣積存在密封的電池中，而有爆炸的危險。因此通常會將鎳鎘電池的電極設計為負極活性物質量大於正極活性物質量，來避免過度充電時負極產生氫氣的情況。

鎳鎘電池發展已久，因具有成本較低、循環壽命長、可大電流充放電的特性，故過去的市佔率頗高，但由於記憶效應和鎘污染的問題，致鎳鎘電池逐漸退出市場。

電池的記憶效應係指當電池未完全放電的前提下又被再次充電，電池會「記憶」前一次放電電量，而無法完全充分放電(只能部分放電)的現象。這也是一種放電電壓值下降所造成實質電容量減少的現象，其原因為電池中的電極材料在放電過程中未被完全反應。記憶效應這名詞是由鎳鎘電池之特性而來，起因為當多次放電不完全時，在充電過程中負極上還原產生的鎘金屬顆粒會變大，鎘金屬電極的內阻會慢慢地增加，導致之後的化學反應受到阻礙、放電電壓值下降，而於電池放電時形成次級放電平臺，如圖 7-10 所示。電池會記憶此放電平臺並在下次迴圈中將其作為放電的終點，可用電容量因而下降。

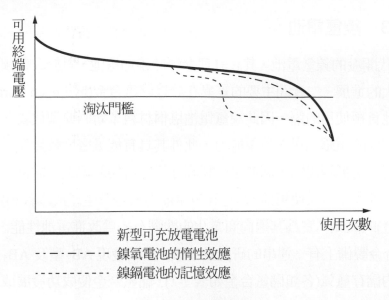

圖 7-10　記憶效應

　　記憶效應可以透過將電池完全充放電的方式來消除，在幾次完全充放電之後可以使負極上的鎘金屬結晶顆粒變小、電池放電電壓值逐漸回升，回復到電池初始狀態。鎳鎘電池因具有較強烈的記憶效應，很容易因充放電不當，而造成可用電容量降低。建議操作時，在充放電使用約十次後，可做一次完全的放電。若已有記憶效應時，則可連續做三至五次完全充放電來釋放記憶。原則上，記憶效應是一種可逆性的電容量降低現象，經適當的充放電處理此種性能衰退是可以回復的。

　　鎳鎘電池是繼鉛酸電池後，第二個發展的蓄電池。即使其市場逐年衰退，但仍持續被應用在充電式電動工具上。2010 年鎳鎘電池前三大市場為：充電式電動工具(54.5%)、無線電話(24.2%)、防災救災用工具(12.1%)，其餘項目如圖 7-11 所示。尚能存有這些應用，主要是因其具有耐用的特徵，足堪負荷過度充電或過度放電，

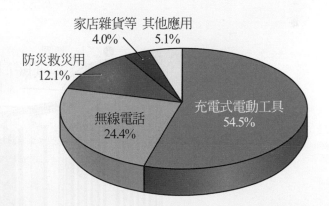

圖 7-11　2010 年鎳鎘電池市場分類比例(資料來源：工研院 IEK)

因此極適合電動工具或防災設備等使用條件嚴苛的產品配備。

7-3-3 鎳氫電池

1990 年代開發的鎳氫電池，其設計理念源於鎳鎘電池，對於改善鎳鎘電池記憶效應方面有極大的進展。二者間主要的差異在於以儲氫合金(hydrogen storage metal)取代原來鎳鎘電池負極使用的鎘，因此鎳氫電池堪稱材料革新的典型代表。鎳氫電池具有和鎳鎘電池相同的電壓和過充放電能力，此外其具有能量密度較鎳鎘電池高、無鎘污染問題及記憶效應低等優點，屬於是一種高性能無污染的電池，非常符合現今潮流。但是在鎳氫電池尚未普及使用前，高速充放電能力較差及生產成本較鎳鎘電池高(因為使用儲氫合金)的缺點，實為其邁向商業化的絆腳石。為改進電池性能，自 1950 年代起，在電極合金製備上有一連串的研究及突破。直到發現 AB_2 型及 AB_5 型兩類儲氫合金能夠可逆的儲存氫氣(各類儲氫合金如表 7-2)，儲氫合金便成功發展成為二次電池的電極材料。

表 7-2　儲氫合金種類

系列	代表合金	備註
AB_5	$LaNi_5$、$MmNi_5$	以荷蘭飛利浦公司之專利為代表
AB_2	$TiCr_2$、$TiMn_2$	以美國 Ovonics 公司之專利為代表
AB	TiFe、TiNi	
A_2B	Mg_2Ni、Ti_2Ni	

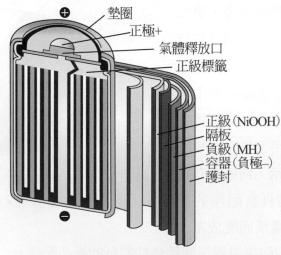

圖 7-12　圓形鎳氫(Ni-MH)蓄電池及其結構[8]

鎳氫電池正極爲氫氧化亞鎳(NiOOH)、負極使用儲氫合金(MH)、電解液爲濃度 6～8 M 的氫氧化鉀。其正極反應和鎳鎘電池相同，活性物質氫氧化亞鎳(NiOOH)還原成氫氧化鎳(Ni(OH)$_2$)；負極反應則是儲氫合金(MH)中的氫和氫氧根(OH$^-$)反應而氧化生成水，放電時的正負極反應和總反應式如下，充電則反之：

負極

$$MH_{(s)} + OH^-_{(aq)} \rightarrow M_{(s)} + H_2O_{(l)} + e^- \tag{7-24}$$

正極

$$NiO(OH)_{(s)} + H_2O_{(l)} + e^- \rightarrow Ni(OH)_{2(s)} + OH^-_{(aq)} \tag{7-25}$$

總反應

$$NiO(OH)_{(s)} + MH_{(s)} \rightarrow M_{(s)} + Ni(OH)_{2(s)} \tag{7-26}$$

正極半反應之標準還原電位 $E_0 = 0.5V$(相對於標準氫電極)；負極半反應之標準還原電位 $E_0 = -0.8V$，因此一個單電池可提供 1.3V 的電壓，具有跟鎳鎘電池相同的電壓。同時，由總反應亦可發現，電解液不會和電極材料有淨反應，因此鎳氫電池具有極高的穩定性。

鎳氫電池在充電過程，合金表面進行電化學反應，脫離水分子的氫離子先吸附在合金表面。接著氫離子會擴散溶解於合金中，進而形成氫化物。下述反應式即爲儲氫合金於充電時的反應機制(如圖 7-13 所示)：

$$M + H_2O + e^- \rightarrow MH_{(ab)} + OH^- \tag{7-27}$$

$$MH_{(ab)} \rightarrow MH_{(dis)} \rightarrow MH \tag{7-28}$$

利用儲氫合金取代鎘金屬是鎳系電池的一大進展，許多元素皆能可逆地儲存氫氣，但是各物種皆有一些缺點，例如反應時易生成鈍化層，導致電性下降。沒有一種元素或合金能滿足所有需求，故針對電池應用上，合金的選擇很重要，又作爲電極材料需有以下條件：

1. 能量密度高、多孔性、適度的比表面積及孔洞分佈。
2. 表面氧化物需具有適當孔隙度、導電性及催化能力。
3. 快速放電前提下能讓氫氣快速擴散。
4. 快速充電前提下能快速吸收氫氣，避免壓力上升。
5. 吸氫量大。

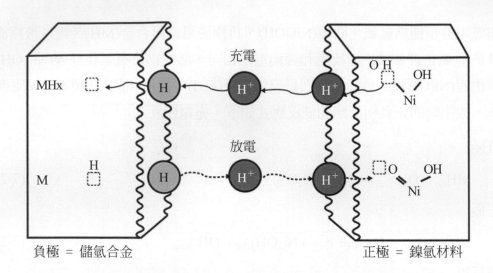

圖 7-13　充放電過程中，氫在鎳氫電池中的轉移情況

6. 低壓低溫條件下仍具吸放氫能力。

7. 具抗氧化和抗腐蝕能力。

7. 成本低廉。

目前已成功發展為鎳氫電池負極材料的有 AB_2 型和 AB_5 型兩類儲氫合金。儲氫合金中，A 為吸氫能力強之金屬；B 多為過渡金屬元素，其功用是催化，以加快吸氫及脫氫的反應。AB_2 型中，A 為 Zr 或 Ti；B 可為 V、Cr、Mn、Fe 等元素。AB_5 型則為鑭系元素合金。

 ## 7-3-4　鋰離子電池

與其他二次電池相比，鋰離子電池擁有高能量密度、高輸出功率、長充放電壽命、良好快速充放電能力、低自放電，且無記憶效應等諸多優點。作為二次電池的重要代表，目前已成為可攜式電子產品之主要電力提供者，在逐步邁向電動汽車動力領域、航太、工業及軍事的路途中，亦逐漸取代鎳氫、鎳鎘及鉛酸電池，成為市場新寵。各種電池系統之體積與重量儲能密度比較如圖 7-14。

鋰離子電池係主要透過鋰離子於正負兩極間的嵌入與嵌出(intercalation/deintercalation)來回往返，以達成反覆充放電的情況。鋰離子電池的剖面圖如圖 7-15 所示。鋰離子電池的運作示意圖如圖 7-16 所示。鋰二次電池實為一種鋰離子的濃差電池，充電時(即外加電壓)鋰離子於正極脫出，經由電解液運送並鑲嵌進入負極，此時正極處於貧鋰狀態，負極則為富鋰；同時，電子的補償電荷從正極經由外部迴路流向負極，以確保電荷平衡。放電時，鋰離子則由負極嵌出，經由電解液搬運置入正極，電子亦由負極釋出向正極流動。

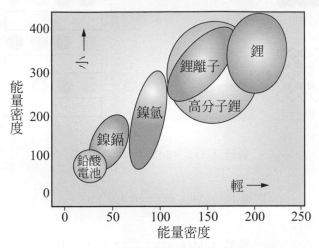

圖 7-14　各種電池系統之體積與重量儲能密度比較[9]

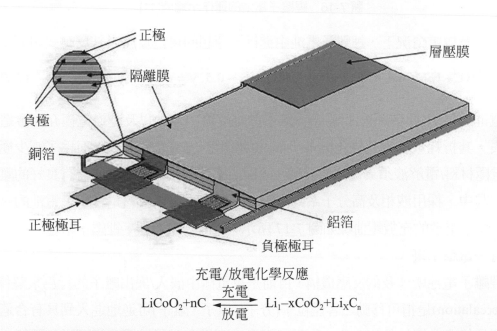

充電/放電化學反應

$$LiCoO_2 + nC \underset{放電}{\overset{充電}{\rightleftharpoons}} Li_{1-x}CoO_2 + Li_xC_n$$

圖 7-15　鋰離子電池的剖面圖(Anode 負極、Cathode 正極、Separator 隔離膜、Cu foil 銅箔、Cathode tab 正極極耳、Anode tab 負極極耳、Al foil 鋁箔、Al laminate film 層壓膜)[10]

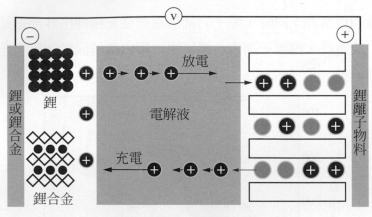

$$負極 \quad C+xIi^++xe^- \mathrel{\overset{充電}{\underset{放電}{\rightleftharpoons}}} Li_xC$$

$$正極 \quad LiMO_2 \mathrel{\overset{充電}{\underset{放電}{\rightleftharpoons}}} Li_{1-a}MO_2+xLi^++xe^-$$

$$整體 \quad LiMO_2+C \mathrel{\overset{充電}{\underset{放電}{\rightleftharpoons}}} Li_xC+Li_{1-x}MO_2$$

圖 7-16　鋰離子電池的運作示意圖[11]

正常充放電情況下，鋰離子電池中進行一理想的可逆反應，其反應式如下：

$$yC+ LiMO_2 \leftrightarrow Li_xC_y + Li_{(1-x)}MO_2 \quad , x\sim0.5, y = 6 \tag{7-29}$$

電池放電時(即電子再度流通)，離子於電解質中運動以及越過電極介面會造成電位損失，其折耗量 η 稱為極化(polarization)或過電位(overvoltage)，而為了減少極化現象，電極材料/電解液須具高介面面積、兩極間須緊緊相鄰，電解液需有良好的離子導電性。其中，採用液相及高分子系列電解質搭配奈米電極材料是鋰離子電池的一項典型。鋰離子電池的充放電曲線如圖 7-17 所示，不同於電容器，鋰離子電池的充放電曲線具有一電壓平臺。

鋰離子電池所涉及的反應機構，目前是以電極中嵌入/嵌出離子的行為來解釋，嵌入(intercalation)是指可移動之客體粒子(分子、原子、離子)可逆地進入到具有合適尺寸的主體晶格中。已知的嵌入化合物種類繁多，而惟有滿足結構改變可逆，並能以氧化價態彌補電荷變化者方能選作為鋰離子電池的電極材料。

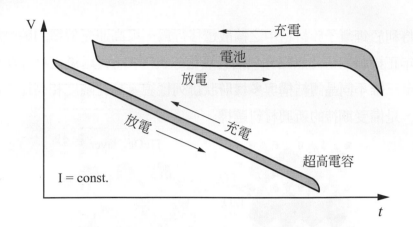

圖 7-17 比較充放電行為理想電池和理想電容

常見的正極材料如鈷酸鋰($LiCoO_2$)、鎳酸鋰($LiNiO_2$)及錳酸鋰($LiMn_2O_4$)，上述化合物的晶體結構多呈現層狀或隧道狀以提供鋰離子進行可逆的嵌入/嵌出反應，具空氣及水份安定性，以及在高電位下(> 3V)收納鋰離子的能力。目前以鈷酸鋰系材料作為正極的鋰電池是最為成熟且處於絕對的主導地位，提供的比能量達 1017 Wh/kg。其晶體結構由鋰離子層和 CoO_6 層交錯排列而成，結構單元則係一個鈷原子與六個氧原子配位之八面體，如圖 7-18 所示。

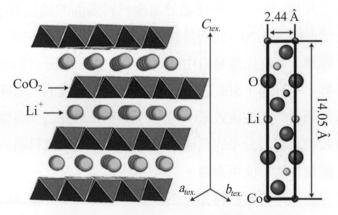

圖 7-18 鈷酸鋰($LiCoO_2$)之晶體結構[12]

近來正極材料之研究開始著重於較鈷酸鋰更為無毒、成本更低、熱及電化學穩定性更佳的橄欖石結構磷酸鐵鋰($LiFePO_4$)，其晶體由鋰離子、不規則 FeO_6 八面體及 PO_4 四面體三部分構成，如圖 7-19 所示。藉六配位 Fe-O 和四配位 P-O 間氧原子的共用發展出一維隧道結構，供鋰離子進出其中。許多文獻指出，透過以導電高分子聚吡咯(polypyrrole，PPy)作為正極骨幹、摻雜氧化釕(RuO_2)或調整化學計量比等改善材料導電性處理，將利於鋰離子於材料中之擴散遷移行為，可高速充放電的磷酸鐵鋰材料已然製備。近年正極材料研究焦點亦包括五氧化二釩(V_2O_5)與錳氧化物等典型嵌入型化合物，其一至三維不同晶體結構與多樣層狀排列樣貌、高孔隙度和高比表面積、可調控的層間距，是備受期待的新興材料選擇。

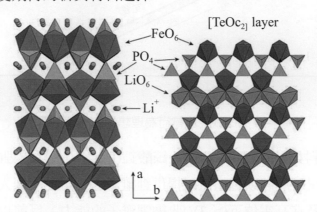

圖 7-19　磷酸鐵鋰($LiFePO_4$)之晶體結構[9]

　　正極材料現存問題便是其與電解液間副反應(side reaction)以致固態電解質介面層(solidelectrolyte interface，SEI)形成，即鋰離子電池首次充放電過程中，電極與電解質在固液相介面上發生反應，形成一層覆蓋於電極材料表面的鈍化層(passivation layer)稱之 SEI 膜，形成情形如圖 7-20。此層具固態電解質之特性，亦即同時是電子絕緣體和鋰離子良導體，鋰離子可經由該層自由嵌入脫出。此介面層之形成對電極材料性能產生至關重要的影響，一方面，SEI 膜之形成消耗部分鋰離子，造成首次充放電不可逆容量增加，降低電極材的充放電效率；另一方面，SEI 膜之不溶性使其在電解質中能穩定存在，並有效防止溶劑分子的共嵌入及其可能對電極材料造成進一步的破壞，因而維持電極應有循環性能及使用壽命。

　　而在負極材料方面，除了碳材料如天然石墨、合成石墨、碳纖維及中間相微碳球(mesocarbon microball，MCMB)以外，鈦氧化物如 TiO_2 及 $LiTi_5O_{12}$(LTO)近年來也被廣泛討論。LTO 為尖晶石(spinel)，雖然理論電荷容量(170 mAh/g)遠較石墨(370 mAh/g)低，但其充放電過程中體積變化極小(< 1%)，可高速充放電及操作溫度範圍廣，是取代碳材的初步嘗試。這也顯示了安全性與穩定性實為次世代鋰離子電池之首要考量。

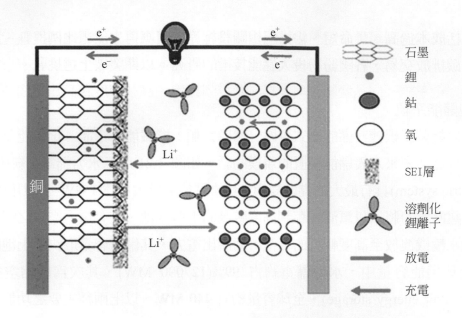

圖 7-20　固態電解質介面層形成狀況示意圖[13]

　　此外，鋁、矽、錫及鉍等材料皆可經電化學反應與鋰作用而成合金，足以作爲鋰離子電池負極之選。例如完全鋰化之鋰矽合金其成分爲 $Li_{4.4}Si$，擁有最高的理論電容量 4200 mAh/g，遠高於石墨之電容量。然而，負極容量越大意味著在鋰嵌入/脫嵌過程中體積改變甚劇，以致大量機械應變發生，使其電容量在循環充放電測試初始時期便大量衰退，甚至粉碎。據文獻報導，中空矽奈米球或奈米矽線等結構調整或尺寸細化有助於排遣機械應變並維持充放電庫倫效率，但仍無法連續使用百回以上；鑒於此，碳複合材如 Si-C、Sn-C、Ni_3Sn_4 介金屬奈米合金等材料便希冀藉由第二者材料的加入，扮演體積變化之緩衝部分，並舒緩奈米粉材在充放電循環中的團聚現象。近年亦有學者嘗試以金屬氫化物作爲負極材料且收穫甚豐，此舉串聯分享了鋰離子電池與儲氫材料的知識庫，無疑是加速電化學儲能系統發展的科研創意體現。

7-4　應用與發展

　　電化學儲能具有不受地理限制、佔地空間小、易擴充等優點。以現今電池儲能市場來看，由於電池技術的發展及成本下降，未來除了應用在小型電器產品之外，更有機會擴大其儲能規模，目前最具前瞻性的應用有：動力電池、大型儲能系統及智慧電網。如能成功商業運轉，更可以帶動市場以倍數成長。但目前電池市場依然面臨許多挑戰，包括成本過高、壽命短、需搭配相關設施等。因應再生能源比例提升、原油價格上漲及碳排放交易，各國紛紛投入儲能技術的研究，以期突破上述挑戰。

一、大型儲能系統

　　大型儲能裝置根據其儲能形式可區分為四大類：機械能、電能、化學能及電化學能。若以放電功率來定義儲能裝置的規模的話，如圖 7-21 所示水力儲電系統(pumped hydroelectric system)具有最大的儲能規模，其放電功率最大可達 1 GW。水力儲電的方法是利用離峰電力將水以幫浦抽存到高度較高的上蓄水池，在有電力需求之際，水從上池經過水輪機洩放至高度較低的下池，而產出電力，其儲電容量取決於上池的蓄水容量。全球儲能容量中，水力儲電約占 99%(127000 MW)，其次為壓縮空氣儲電(compressed air energy storage)，全球容量約有 440 MW。以上兩種主要之功能為配合發電廠(包括火力、核能、再生能源)進行能源管理、均衡負載、尖峰消去，藉此延長發電系統壽命並減少能源浪費。但此兩類裝置會受到地形、氣候、環境保護等條件限制，並非每個地區皆可設置。

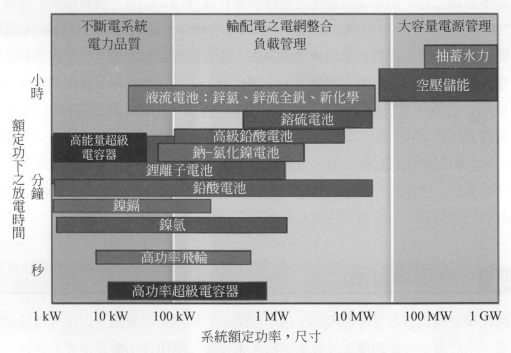

圖 7-21　各類儲能裝置之放電功率與放電時間[14]

電化學儲電元件有許多種類，如：鉛酸電池、鎳氫電池、鋰離子電池、鈉硫電池、液流電池及超高電容。其放電功率雖然遠小於抽蓄儲電和壓縮空氣儲電，但是透過電池單元的串聯與並聯的方式也可使其電壓與容量達到一定規模。同時不受地形條件限制，加上種類繁多，依據其儲電特性有不同之應用。可根據不同地區之需求，擇適當之元件串聯與並聯來設計模組化儲能裝置，因此適用範圍廣泛，蓄電池儲電技術是被認為最具有替代水力儲電潛力的大型儲能技術之一。

二、智慧電網

電網可因應不能發電的系統而有消峰填谷、頻率調節等功能，依照不同時期的能源發展，對於電網的功能會有不同的需求，如圖 7-22 所示。早期電網配合傳統發電廠使用，儲存離峰電力，以供尖峰時段使用。2000 年之後再生能源快速發展，但再生能源之供電具間歇性，需要儲能系統加以調節才能實際應用。傳統電網採用的技術是水力儲能，然而其受到地理條件限制，現今適合建置的地方大多已建置完成。隨著電化學儲能技術的不斷革新，導入電化學儲能對電網的功效越發明顯，一方面可針對應用需求選擇儲能元件種類並設計模組，一方面則能彰顯其不受地理空間限制且易擴充等優勢。

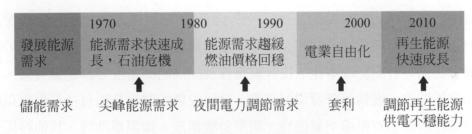

圖 7-22　電網儲能需求發展(工研院 IEK)

三、動力電池

電池的發展與環境和能源議題息息相關，先進國家皆對交通工具的空氣污染和原油存量短少相當重視。汽機車的便利性使得其使用率相當高，因此電動車的推廣是當今一大趨勢。發展電動車首要關鍵就是電池儲能容量的提升，同時還需具有推動馬達所需之能量。因此動力電池需具有儲電量大和瞬間高功率輸出之特性，此外其他相關因素如圖 7-23 所示。電動車是否能取代目前的汽油車，除了馬達技術外，絕大部分取決於電池技術的突破。

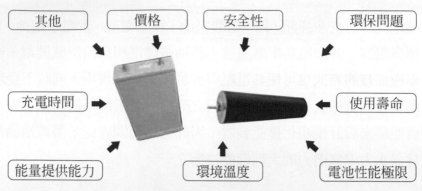

圖 7-23　適用電動車之電池相關因素[15]

　　目前使用磷酸鋰鐵為正極材料之鋰離子電池，在性能表現上頗令人滿意，安全性也足夠，是目前最具發展潛力的動力電池。待新一代電池與馬達問世後，電動車的動力性能與續航力得到革命性改善，人們在使用便捷的交通工具的同時，也能夠兼顧環境與生態。

7-5　結論

　　電化學儲能元件種類繁多，同時不受地形條件限制，透過適當的電池設計後，即可廣泛應用在各領域。此類儲能裝置可用於不斷電系統、智慧電網與再生能源之能源調節，但是普遍仍有使用壽命短和高成本等瓶頸極待克服。以最被看好之一的鋰離子電池來說，其仍需針對低成本化、提升安全性及提高能源密度等課題做突破，才可應用於各類儲能裝置。就當前研發現況來看，發展成熟的儲電技術有抽蓄儲電以及鉛酸電池，商業化的產品有壓縮空氣儲能、新型鉛酸電池、鎳鎘電池等，其他技術仍處於示範運轉、試驗工場甚至實驗室的階段，需投入更多資源開發新技術或新材料，但也因此具有不可限量的前景。

1. 請簡述電化學反應槽的基本構造。

2. 當電池進行放電時，請敘述陽極(anodes)與陰極(cathodes)敘述進行的反應。

3. 碳鋅電池和鹼性電池，是家中常使用電池，這兩種電池的差異並不大，請問兩種電池差異是什麼？

4. 請問常見的二次電池有哪些？

5. 水銀電池正極是什麼？請問在正極材料裡面混合部分石墨的原因是什麼？

6. 目前空氣電池中較為成熟的技術為鋅空氣電池，電池中正負極為鋅金屬和空氣，兩者進行電化學反應來產生能量，請問空氣是當作正極還是負極呢？

7. 請問鉛酸電池的陽極、陰極、以及電解液分別是什麼？

8. 請問鉛蓄電池有哪些優缺點？

9. 鎳鎘電池在過去廣泛使用在各式電子產品，但目前大多應用已被鋰離子電池所取代，請問這是由於什麼原因？

10. 坊間在使用電池時常會聽到一種說法：「電池使用必須完全充放電，否則電池電量會逐漸減小」，這也就是廣為人知的「記憶效應」，但事實上並非所有電池系統都有這樣的現象，請問下鎳鎘電池、鎳氫電池、鋰離子電池何者電池沒有記憶效應？

11. 請問鎳鎘電池的正極是否單純使用鎳金屬。

12. 請問鎳氫電池相較鎳鎘電池擁有那些優勢？

13. 請問常見的鋰離子電池的正極材料有哪些？

14. 請簡述何為 SEI 膜(鈍化層)？

15. 請簡述 SEI 膜的特性。

16. 請問常見的鋰離子電池的正負極材料有哪些？

參考文獻

1. goo.gl/Z4Su8V

2. goo.gl/WM17F6

3. goo.gl/Tlaq6D

4. goo.gl/qDN0dL

5. goo.gl/wKogwk

6. 工業材料雜誌 79 期，鉛酸電池的演進及其發展，1993/7。

7. Linden D, Reddy T B, Handbook of Batteries, 3rd[J], 2002.

8. goo.gl/ntbFfs.

9. Tarascon J M, Armand M, Issues and challenges facing rechargeable lithium batteries[J], Nature, 2001, 414(6861): 359-367.

10. goo.gl/aQdgrB

11. 工業材料雜誌 267 期，鋰離子電池高容量負極材料技術，2009/3。

12. Shao-Horn Y, Croguennec L, Delmas C, et al, Atomic resolution of lithium ions in LiCoO2[J], Nature materials, 2003, 2(7): 464-467.

13. Ventosa E, Schuhmann W, Scanning electrochemical microscopy of Li-ion batteries[J], Physical Chemistry Chemical Physics, 2015, 17(43): 28441-28450.

14. goo.gl/0T75fa

15. goo.gl/SbRmhd

8 CHAPTER

電容

8-1　超高電容概論

　　隨著科技的進步與發展，人類生活上對儲能元件量與質方面的需求均越來越迫切，因此開發更高性能的儲電裝置無疑是一項相當重要的研究課題。目前常使用的儲能元件包括二次電池(如：鎳鎘、鎳氫及鋰離子電池)與傳統的介電質電容器。電容器(capacitor)的儲能特性與電池不同，在某些特定的場合，需要提供快速的充放電及高功率的儲能元件時，使用電容器便能在極短時間內達到快速儲存或釋放電能。

　　一般的傳統介電質電容是在兩導電極板間以絕緣介電質隔離，並於電容器兩端施以電壓，造成兩端電極分別帶不同電荷(正電荷與負電荷)，因而將電荷累積儲存。此方式儲存的電荷能在短時間內釋放出來，並在微秒的時間內充電完畢，因為僅牽涉到簡單的物理儲能方式，故擁有反應速率快且使用壽命長等優點。但是其儲存的電荷量有限，難以滿足較大量儲能的應用需求。因此，在此觀點考量下，一種兼具大容量、高功率、生命週期長，且使用溫度範圍廣的電化學電容器(即超高電容器)之儲能元件便受到矚目。電化學電容器是利用電極材料之電化學反應以儲存電荷的裝置，其能量密度(energy density)及功率密度(power density)介於傳統電容器與電池之間，如圖 8-1所示。由於其電性接近電容器的行為，而電容值遠高於一般電容器，故稱超高電容器。超高電容器利用電極表面之活性物質價數改變或電解液中陰陽離子分離產生電位差來儲存電荷，由於僅牽涉到電極表面之反應，故反應速率快，同時又可儲存大量之電荷量。其應用範圍包括高功率電源系統(high power source)、各種混合式電源系統(hybrid power system)、備用電力的儲存(backup power storage)、記憶保護裝置(memory protection)的電源以及燃料電池的啟動裝置(starting power)。

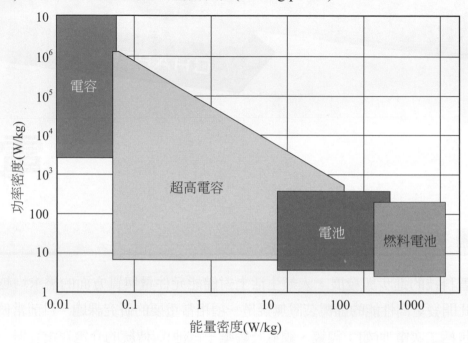

圖 8-1　各種能量儲存與轉換裝置的能量密度及功率密度特性示意圖

8-2　超高電容原理與技術

　　超高電容器又稱為電化學電容器(electrochemical capacitor)，不同於傳統的介電質電容器，它是以電極材料表面的電化學反應來儲存電能之元件，其能量密度(energy density)及功率密度(power density)介於傳統電容器與電池之間。超高電容器可利用極大的電極表面積吸引溶液中無數的正、負電荷，因此使超高電容器的儲電量高於傳統的電容器，其能量密度為傳統電容器的數千倍；另一方面，超高電容器也能以電極表面處所產生的氧化還原反應來儲存電能，與二次電池單純利用電極材料整體化學能來儲存能量的方式不同。因此，在充放電過程中較不受化學反應動力學的限制，能夠忍受快速及高電流的充放電，且不影響使用壽命。在放電功率密度的性能上高於二次電池，且充放電循環使用壽命也較二次電池長。

　　超高電容器根據儲能機構的不同，可分爲兩大類，分別爲電雙層電容器(electric double-layer capacitors)以及擬電容器(pseudo-capacitors)。

8-2-1　電雙層電容器(electric double-layer capacitors)

　　電雙層電容器(electric double-layer capacitors，EDLC)因具有低成本、系統簡單及製作技術成熟等優勢，目前已有許多商業化應用的產品。其電極材料多使用高孔隙度且高表面積的碳材，其中以具有高表面積的活性碳最常被使用。電雙層電容器是單純利用電極與電解液介面間庫侖靜電力所造成電荷分離的現象以達儲電的目的，電極本身並不涉及任何氧化還原化學反應。

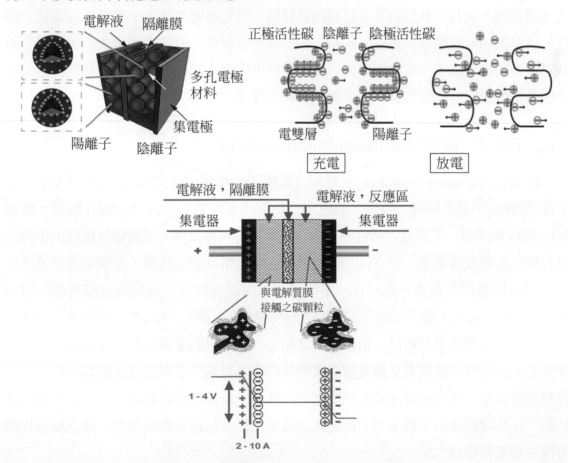

圖 8-2　電雙層電容器的結構以及反應原理[1]

圖 8-2 為典型電雙層電容器的結構示意圖。電解液中的陰陽離子分別吸附於電容器的正負電極表面,而電荷吸附量與電極電位呈線性關係。相較於傳統電容器(如陶瓷電容、塑膠電容及鋁電解電容等)以介電物質(絕緣物)做為夾層,電雙層電容器並不需使用介電層。電極的表面積與孔隙尺寸分佈情況是影響電容性能的關鍵因素,文獻中指出每平方公分的電極面積約能提供 10~20μF 的電雙層電容量。電雙層電容器具有充放電速度快、循環壽命長、儲能機構單純,且成本低等優勢。但單位元件重量與體積的比電容值偏低(因僅有電極表面參與電雙層充放電反應),較不利於元件的輕量化與小型化。值得注意的是,並非表面積愈大所得的比電容值就愈大。材料表面的孔洞過大或過小,均可能造成電解液中之陰、陽離子之電雙層吸脫附效果變差,反而會降低其電容值。並且因孔洞過多,結構趨於鬆散,導致導電度降低,高速充放電能力降低,且其體積能量密度(volume energy density)也會較低。但若表面積太小,則可吸附陰陽離子的數目降低,電容值下降。因此如何選擇適當的孔洞大小及控制孔洞的均勻分佈是電雙層電容器電極材料的一大重要研究課題。

8-2-2　擬電容器(pseudo-capacitors)

擬電容器(pseudo-capacitors)主要利用電極活性物質(包括特定氧化物與導電高分子)於電解液中發生快速、連續,且可逆性的氧化還原電化學反應以儲存能量,如圖8-3。因為牽涉到一定深度之活性物質的法拉第電荷轉移反應,因此單位電極面積的比電容值高於電雙層電容。圖 8-4(b)即為電極之電化學反應示意圖,多個鄰近而寬廣的氧化還原反應相互重疊,造成在一電位範圍之內電極的電性表現接近於理想的電容器。其電容值幾乎不隨外加電位的不同而發生變化,這即是「擬」電容器名稱的由來。由於需具備理想的電荷轉移、價數改變之能力,所使用的電極材料希望擁有半填滿或者空軌域之特性,故常見之擬電容器電極材料為導電高分子與過渡金屬氧化物。前者具有高電容量、高充放電速率及低成本等特性,但是卻有壽命較短且自放電效應高之缺點,在長時間使用上較不利。而過渡金屬氧化物則以釕金屬氧化物、錳金屬氧化物與鎳金屬氧化物為大宗。

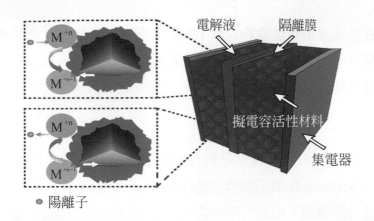

● 陽離子

圖 8-3　擬電容器結構

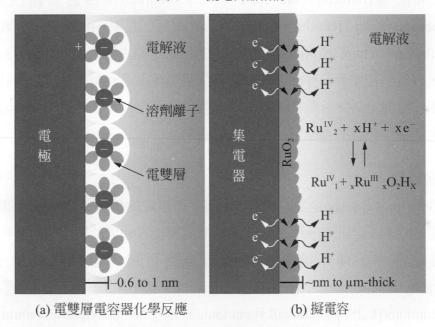

(a) 電雙層電容器化學反應　　　　　(b) 擬電容

圖 8-4　電容電極的行為[2]

 8-2-3　超高電容器電解質

　　電解液的主要角色在於提供足夠的陰陽離子以參與電極的電化學反應，並應具備良好的離子導電性以順利地完成電化學迴路。一般而言電解質可區分為三大類：

一、水溶液型

　　如 H_2SO_4、KOH、Na_2SO_4、KCl 和 NH_4Cl 等水溶液。其優點是水溶液不可燃，且具有較高的導電性，因此電容內電阻較低、有利於提高充放電功率。另外，在成本考量上，此型電解液價格較低且電容器製造過程較簡單，不須考慮淨化及乾燥的問題。

但其主要缺點在於水溶液電位窗約只有 1.2 V 左右，過高的電壓會使水被電分解產生氫氣與氧氣。另外，一些強酸、強鹼水溶液對電極、集電極，以及封裝材料容易造成侵蝕，導致元件損壞、失效。

二、有機溶液型

有機溶液型的電解液主要優點是具有較高工作電壓，且此類電解液較不具腐蝕性。其中，乙腈(acetonitrile)和碳酸亞丙酯(propylene carbonate，PC)都是常用的溶劑。乙腈能溶解大部分的鹽類，但其對環境造成污染的問題較為嚴重。在溶質方面，四乙基銨四氟硼酸鹽(tetraethylammonium tetrafluoroborate)、四乙基鏻四氟硼酸鹽(tetraethylphosphonium tetrafluoroborate)，以及三乙基甲基銨四氟硼酸鹽(triethylmethylammonium tetrafluoroborate，TEMABF$_4$)均常被使用。有機溶液的導電性通常較低，導致整體電容元件的等效串聯阻抗明顯較水溶液型為高，也因此限制最大充放電功率。除此之外，有機溶液本身易揮發且熱穩定性不佳、易燃而有安全上的疑慮，再加上部分溶劑具有毒性常衍生環保的問題。

三、離子液體型

離子液體(ionic liquids)是由陰離子與陽離子所構成的熔融鹽類(因此不需溶質即具有本質導電性)。為與高溫熔鹽做區分，通常把熔點接近或低於室溫的熔鹽稱為離子液體。目前已開發的離子液體種類有超過數百種，常見的陽離子包含有1-alkyl-3-methylimidazolium ([C$_n$MIM]$^+$，n 為線性烷基碳的數目)、N-alkylpyridinium([C$_n$PY]$^+$)、tetraalkylammonium 以及 tetraalkylphosphonium 等等。這些陽離子可結合不同的有機或無機陰離子形成各式各樣的離子液體，常見的陰離子有hexafluorophosphate(PF$_6^-$)、tetrafluoroborate(BF$_4^-$)、trifluoromethylsulfonate(CF$_3$SO$_3^-$)、bis(trifloromethylsulfony)imide((CF$_3$SO$_2$)$_2$N，又稱 TFSI、TFSA 或 NTf$_2$)、trifluoroethanoate(CF$_3$CO$_2^-$)、ethanoate (CH$_3$CO$_2^-$)以及 halide (Br$^-$, Cl$^-$, I$^-$)等。離子液體具有多項優點如：寬廣的電位窗、高離子濃度、低揮發且不易燃、優異的熱穩定性等，亦可藉由各種陰陽離子的搭配組合以設計調控物理化學性質。因此，離子液體的應用在近幾年蓬勃發展，基於以上各項重要的特質，能展現與傳統水溶液以及有機溶液截然不同的性質。

8-3　應用與試算

 8-3-1　超高電容特性試算

電容(C)的定義為每單位電壓(V)所對應的電極電荷量(Q)，可以用以下方程式來描述其物理意義：

$$C = \frac{Q}{V} \tag{8-1}$$

在 SI 單位系統中電容的單位為法拉(F)，而電荷以及電壓的單位則分別為庫侖(Coulomb)與伏特(V)。電容值越大表示儲存電荷的能力越佳，這是用來評估電容器特性的重要指標。在有關超高電容器的研究中常以各種電化學分析法評估電極材料的電容特性，以下即分別對其做介紹：

一、循環伏安法(cyclic voltammetry)

如圖 8-5(a)所示，在一選擇的電壓範圍之內，以固定的速率(v, sweep rate)對電位進行來回掃瞄，並量測電極的反應電流值。電壓值(V)可表示為 vt (假設起使電壓為 0，而 t 為時間)，代入以上 8-1 式後可得 C = Q / vt = i / v (i 為電流值)。而在已知電位掃描速度(v)的條件下，根據量測得到之反應電流(i)，則能計算出電極的電容值(C)。理想電容器在循環伏安試驗過程中電流-時間，以及電流-電位的關係分別如圖 8-5(b)、(c)所示。然而，電容器並非百分之百的完美電容，其循環伏安電流(i)通常會隨電位值而有些微改變，並非理想的定值(CV 曲線偏離理想上的矩形)。為使電容(C)的量測值更加精確，可將循環伏安曲線的總電荷值作積分得到 Q，再除以電位掃瞄範圍(V)，並根據 8-1 式計算得到電容值。循環伏安法是用來評估超高電容器電極材料電化學性能最常見而有用的試驗方法，因為它除了能評估電極的電容值之外，還能由其曲線的形狀與氧化還原峰的位置辨別各儲能系統電容特性的優劣以及適用的電位窗範圍。電位窗是指在電解質未被分解的條件下，電極能表現出良好電容特性的電位區間。另外，藉由比較陰、陽極曲線的對稱性與面積，亦能瞭解電極的電化學反應可逆性。

(a) 在循環伏安掃瞄過程中電極電位隨時間的變化情形

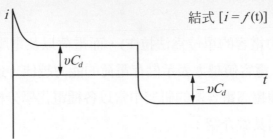

(b) 理想電容器的電流–時間關係圖

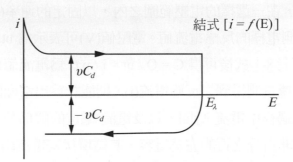

(c) 理想電容器電流–電壓關係圖

圖 8-5　理想電容器在循環伏安試驗過程之關係圖[3]

二、計時電位法(chronopotentiometry)

　　實驗中對電極施加一固定的電流(i)，並量測其電位隨時間(t)的變化情形。由於電流為定值，因此 Q 可表示為 i×t，代入 8-1 式可得 C = (I × t) / V。而圖 8-6(b)為典型理想電容器電極的計時電位曲線，可發現其斜率(V/ t)固定；因此利用所量得斜率的倒數乘以實驗中施加的電流值，即能計算得到電極的電容值(C)。而若將電流的方向反轉，則能得到相反的電位變化趨勢；一個氧化、還原循環則構成了一俗稱的(定電流)充放電曲線。在評估超高電容器電極的電化學行為時，充放電曲線之斜率(在定電流施加過程中)越能保持固定者表示電極擁有越理想的電容特性。而比較充、放電曲線的對稱性，則能瞭解其電化學反應的可逆性，並推測其循環使用壽命。

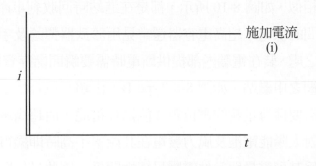

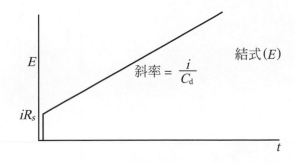

圖 8-6　典型理想電容器電極之電位曲線[3]

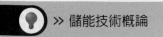

 ## 8-3-2　超高電容器的應用

　　超高電容器利用電極表面之活性物質價數改變或電解液中陰陽離子分離產生電位差來儲存電荷，由於僅牽涉到電極表面之反應，故反應速率快(高功率密度)，同時又可儲存可觀之電荷量(高能量密度)。因其能量密度比傳統電容器高，在功率密度及使用壽命的表現上又比電池更佳，所以在各種須快速能量供應之場合常與電池或其他電源並聯使用，如圖 8-7 所示。若應用在船港碼頭搬運貨運的起重機，可利用快速的電能與位能間的轉換達到節能之效果。而若用於電動車上，如圖 8-8 中的 Type A，由電池供給穩定的電能，在暫停及煞車時將多餘電能回充於超高電容器中，當起步及加速時則由超高電容器提供所需能量，則可使電動車擁有更佳之加速性能，並且可以有效減低電池用量及因快速或深度放電所造成之電池壽命損耗，如圖 8-9 所示。列車的應用和電動車極為相似，如圖 8-10 所示，都是在進站時回收剎車產生的能量，在啓動時由此能量提供瞬間的供電。超高電容器還常見用於武器彈頭及手機天線等需短時間內發送及接收訊號之處、裝在電腦內部提供斷電時需要瞬間儲存資料的電量，如圖 8-7 所示，以及智慧電網之中繼站，如圖 8-8 Type B，由超高電容穩定電能。另外，在儲存能力方面，電池需要擁有足夠的電位差才能儲存電能，而超高電容器則只需要有小電流即可儲存，此對太陽能電池及風力發電在其產率不高時即顯得相當重要。超高電容器的另一項優勢為其儲電量與元件電壓呈線性關係，因此易於監控所剩餘之電能。

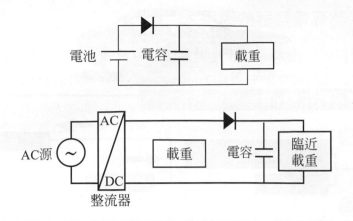

圖 8-7　電化學電容器與外來電能並聯之架構示意圖[2]

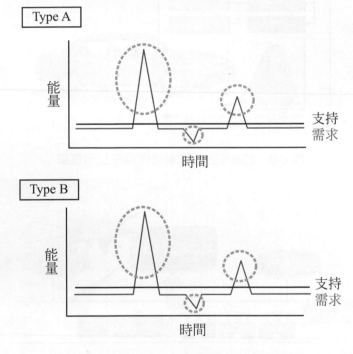

圖 8-8　超高電容器使用形式示意圖[4]

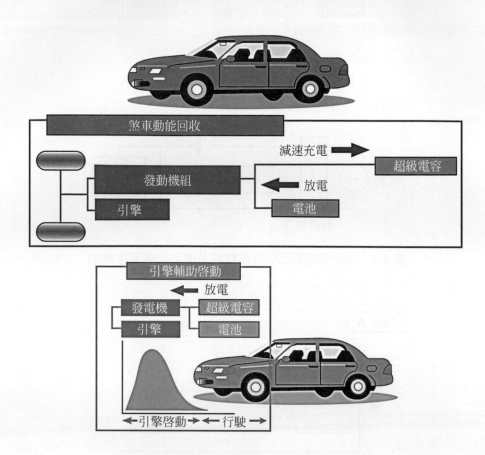

圖 8-9　超高電容器電動車使用形式示意圖

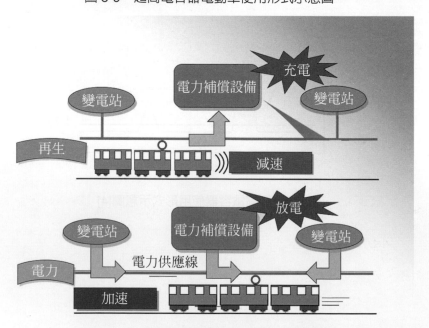

圖 8-10　超高電容器列車使用形式示意圖

1. 請問電雙層電容器是利用什麼原理來存儲電荷？

2. 請問擬電容器是利用什麼原理來存儲電荷？

3. 請問一個有效表面積為 1000 m^2/g 以及 15 $\mu F/cm^2$ 的電極。我們就可以得到多少 F/g 的電容量？

4. 我們以一個穩定電流(0.01 安培)進行充電，經過 50 秒後達到 1 伏特。請問此電容器電容量為多少？

5. 請問傳統介電質電容有什麼缺點？

6. 請問超級電容較傳統電容器的優點有哪些？

7. 請問超級電容電解液有幾種類型？分別是什麼？

8. 請問電雙層電容器其電極多使用什麼作為電極材料？

9. 請問擬電容器其電極多使用什麼作為電極材料？

10. 請問離子液體型電解液有哪些優點？

參考文獻

1. Kötz R, Carlen M, Principles and applications of electrochemical capacitors[J], Electrochimica acta, 2000, 45(15): 2483-2498.

2. Huang M, Li F, Dong F, et al, MnO 2-based nanostructures for high-performance supercapacitors[J], Journal of Materials Chemistry A, 2015, 3(43): 21380-21423.

3. Bard AJ, Faulkner L R, Leddy J, et al,Electrochemical methods: fundamentals and applications[M], 1980.

4. 范晨彥，"利用超臨界流體所合成氧化錳/石墨烯奈米複合材之擬電容特性電容特性"，國立中央大學碩士論文，中華民國 101 年。

液流電池儲電

液流電池(Flow Battery)，顧名思義它是有液體流動的電池。當電網有額外的電力時，電能由外部傳輸到電池內，在電池內部的電解質，經過電化學反應，轉換成產物。這些產物存在電池外的電解液儲存槽。由能源轉換的觀點，電能經由電池轉換成產物的化學能儲存起來。需要電的時候，產物再流經電池，經過電化學反應，釋放出電能。

在結構上，液流電池與一般電池(乾電池、鋰離子電池、鎳氫電池等等)最大不同點是它的電解液與電池本體是分開的。電池本身僅做電化學反應的反應器，活性物質是儲存在電解液儲槽內。電池的大小決定該儲電系統的輸出/輸入功率(kW)。電解液儲槽的大小決定該儲電系統所能儲存的電量(kWh)。因此液流電池儲電系統的功率(瓦數)與儲電量(瓦小時數)可以視應用場合而分開設計。

最早在 1945 年德國的專利文獻中有提到液流電池的概念。美國太空總署(NASA)在 1970 年代開始有系統的研究鐵/鉻液流電池。然而這種電池體積過於龐大，再生能源、微電網、電動車等技術尚未成熟，也沒有大規模建置，因此液流電池僅只於學術研究。在 1980 年代，澳洲南威爾斯大學(South Waelse)發展出全釩液流電池。日本住友集團(Sumitomo)也相繼投入全釩液流電池的發展。在 2000 年前後，由於許多國家期望降低核電廠供電比例，石化能源價格攀升，地球暖化與減碳議題，再生能源大規模建置，電動車開始邁向商業化，智慧電網、微電網概念逐漸成形，這些社會對能源與環境觀念的改變以及相關科技的發展使得大型儲電技術變得非常重要。全釩液流電池具有一些特殊優點，使得它由各種儲電電池中脫穎而出。這些優點包括：可深度充放電、長循環壽命等等。到了 2014 年，全球已有數座百萬瓦(MW)等級的全釩液流電池儲電系統示範運轉。是目前最接近商業化的儲電系統，但是這系統仍有許多技術缺點需要改進。為了說明液流電池原理與結構，暫以全釩液流電池為例說明。

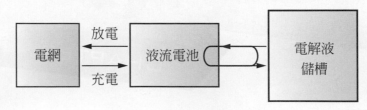

圖 9-1　液流電池儲電示意圖

9-1　操作原理與特性

液流電池有許多種，最普遍也最近商業化的電池是全釩氧化還原液流電池(Vanadium Redox Flow Battery，VRFB)，簡稱全釩電池。它為一種可做為大型儲能系統的電池。它的工作原理為利用不同價數的釩離子(V^{2+}，V^{3+}，VO^{2+}，VO_2^+)溶在硫酸溶液裡做為電解液，分別放在兩個獨立的正、負電解槽中。在電池中間由一隔離膜來隔離正、負電解液。電解液以循環幫浦在電池與電解槽之間循環流動。進行充、放電反應時，透過幫浦將電解液注入電池中，使電解液能流至電極表面使其發生電化學反應，由化學能轉換成電能，圖 9-2 是簡易的示意圖。

二次電池中電極正、負極是依電池在放電時，電流流動的方向來定義的。當電池進行放電時，電流由正極流向負極。此時正電極將 V^{5+}離子(VO_2^+)還原成 V^{4+}離子(VO^{2+})，負電極是將 V^{2+}離子氧化成 V^{3+}離子，如下式所示。這時，電子流由負極流向正極。電流的方向與電子流相反，電流由正極流向負極。

依電化學定義，發生氧化反應的電極是陽極(anode)，發生還原反應的是陰極(cathode)。此時負極就是電化學定義中的陽極，正極就是電化學反應中的陰極。而在充電的時候，電極所發生的電化學反應剛好相反。電池充電時，正電極將 V^{4+}離子(VO^{2+})氧化成 V^{5+}離子(VO_2^+)，負電極是將 V^{3+}離子(V^{3+})還原成 V^{2+}離子(V^{2+})，下列兩式是充電時，正極、負極的電化學反應。電池的理論電壓為 1.26 V。

正極反應：

$$VO^{2+} + H_2O \underset{放電}{\overset{充電}{\rightleftharpoons}} VO_2^+ + 2H^+ + e^- \qquad E = + 1.00\ V \qquad (9\text{-}1)$$

負極反應：

$$V^{3+} + e^- \underset{放電}{\overset{充電}{\rightleftharpoons}} V^{2+} \qquad E = - 0.26V \qquad (9\text{-}2)$$

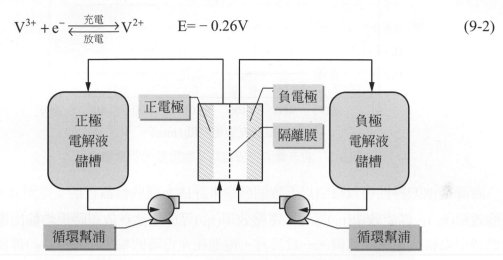

圖 9-2　全釩氧化還原液流電池之簡易示意圖[1]

電池電壓(E)會隨著電池充放電的程度而變。電池電壓的變化可以由 Nernst 方程式(下式)來解釋。方程式中的 E_o 是在平衡標準狀態下的電池電壓。式中的 VO_2^+、H^+、V^{2+}、VO^{2+}、V^{3+} 分別代表這些離子的濃度。在充電過程中，VO_2^+ 離子、H^+ 離子、V^{2+} 離子濃度會逐漸上升，而 VO_2^+ 離子與 V^{3+} 離子濃度會逐漸下降。依下式可以看出電池電壓會隨著充電時間逐漸上升。放電時，VO_2^+ 離子、H^+ 離子、V^{2+} 離子濃度會逐漸下降，而 VO_2^+ 離子與 V^{3+} 離子濃度會逐漸上升。依下式可以看出電池電壓會隨著放電時間逐漸下降，隨著充電時間逐漸上升。

$$E = E_o + \frac{RT}{nF} \ln\left[\frac{VO_2^+\ H^+\ V^{2+}}{VO^{2+}\ V^{3+}} \right] \qquad (9\text{-}3)$$

圖 9-3 是典型液流電池在充放電時，電池電壓隨著充放電時間的變化。電池在固定電流下充電與放電。電池充電的截止電壓是 1.6V，也就是說當電池電壓達到充電截止電壓後便不再充電。電池的放電截止電壓是 0.8V，也就是說當電池電壓達到放電截止電壓後便不再放電。截止電壓的設定常為避免在過高或過低的電壓下操作造成電池材料或電解質的損壞。

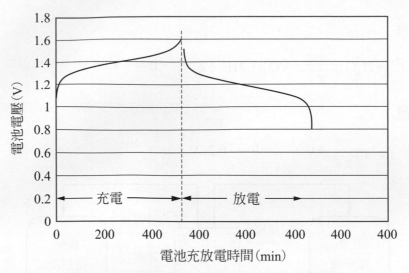

圖 9-3　液流電池充放電時，電壓變化示意圖

　　液流電池的特性可以藉由以下數個參數來評估。這些參數包括：電壓效率(η_V)、庫倫效率(η_C)、儲能效率(η_E)等等。電壓效率(η_V)等於電池在放電時平均輸出電壓與在充電時平均輸入電壓的比值。一般而言，電池在充電時的輸入電壓($E_{充電}$)都要比在放電時的輸出電壓($E_{放電}$)要高。因此電壓效率(η_V) < 1。這是因為電池在充放電時，電池內部的內電阻、電極活性過電位、濃差過電位等等的電壓損失所造成的。

　　此外庫倫效率(η_C)是指電池在充電時所輸入的總電量($Q_{充電}$)與放電時所輸出總電量($Q_{放電}$)的比值。電池在充電時的輸入電量($Q_{充電}$)都要比在放電時的輸出電量($Q_{放電}$)要些微略高。因此庫倫效率(η_V) < 1。這是因為電池在充放電時會有水電解副反應發生，或是電池組有漏電現象所造成的。

　　對於一個儲電系統而言，系統輸出的電能與存入電能的比值就是儲能效率(η_E)。它等於電壓效率(η_V)與庫倫效率(η_V)的乘積($\eta_E = \eta_V \times \eta_C$)。

$$\eta_E = \frac{\int_{放電} E \cdot I dt}{\int_{充電} E \cdot I dt} \quad \eta_E = \frac{\int_{放電} E \cdot I dt}{\int_{充電} E \cdot I dt} \quad \eta_E = \frac{\int_{放電} E \cdot I dt}{\int_{充電} E \cdot I dt} \quad \eta_E = \frac{\int_{放電} E \cdot I dt}{\int_{充電} E \cdot I dt} \tag{9-4}$$

　　液流電池的特性或操作方式落於一般的二次電池與燃料電池之間。它有時也被稱為可再生燃料電池(Regenerative redox fuel cell)。圖 9-4 是燃料電池的示意圖。燃料(如氫氣、甲醇、甲烷)與空氣分別送進燃料電池的陽極(負極)和陰極(正極)。在燃料電池中，燃料氧化並放出電能。燃料電池的電極功用是傳導電流與觸媒催化作用。本身並不會因為電化學反應而有所消耗。燃料電池的作用如同一個發電機(或能源轉換器)，它將燃料所具有的化學能轉換成電能輸出。液流電池在放電時的作用如同燃料電池。電解質中的活性物質經由循環幫浦送到電池中反應。電池釋放出電能。然而液流電池中所發生的電化學反應式為可逆反應，這些活性物質可以藉由充電將活性物質還原。

　　液流電池中的電極功用如同燃料電池。它們是傳導電流與觸媒催化作用。本身並不會因為電化學反應而有所消耗。液流電池的活性物質儲存在電池外部的電解槽中。一般的二次電池，如鋰離子電池、鎳氫電池、鉛酸電池等等，活性物質儲存於電極或電解液中。隨著電池的放電，電極本身會消耗掉。這些活性物質必須藉由充電，將電極還原到放電前的狀態。

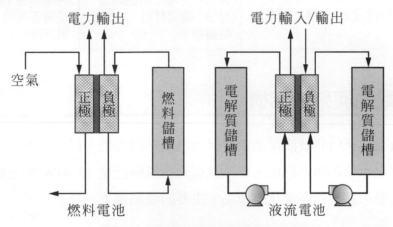

圖 9-4　燃料電池與液流電池之比較

　　表 9-1 是進一步比較二次電池、液流電池、燃料電池，這三種電池中的活性物質、電解質、隔離膜的差異性。二次電池的活性物質是儲存在電極內，如鉛酸電池的正極是 PbO_2，負極是 Pb。它們在放電時會逐漸轉換成 $PbSO_4$，必須以充電的方式將它們還原。電解液是濃硫酸，隔離膜是具有微孔的高分子隔離膜，孔洞內吸飽濃硫酸電解質。液流電池的電極是多孔的導體，它僅做電子的傳導與電化學反應催化的作用。電極本身在充放電時不會變化。液流電池的活性物質通常是溶於液態電解質中的離子，它們是儲存在電池外的電解質儲存槽中。電解質藉由幫浦在儲槽與電池間循環流動，將離子活性物質送到電池內的多孔電極中反應。隔離膜是具有傳導離子功能的高分子薄膜，主要功能是傳遞 H^+ 或 OH^- 離子。燃料電池的活性物質如同液流電池，它們是由電池外部送到電池中反應。不同的地方是燃料電池反應後的產物是水(以氫氣為燃料)或是二氧化碳(以甲醇或甲烷為燃料)。它們可以直接排放到電池外的環境。燃料電池

大多數的應用是做發電用，沒有充電功能。它的電解質是具有傳導離子功能的高分子(質子交換膜燃料電池)、陶瓷材料(固態氧化物燃料電池)、液態或熔融鹽類(磷酸、鹼性或熔融碳酸鹽燃料電池)。隔離膜也隨著燃料電池的種類而異。

表 9-1　液流電池與燃料電池、二次電池材料與結構上之比較

	活性物質	電解質	隔離膜
二次電池	儲存在電極內	於電池中靜止不動	具微孔的高分子薄膜
液流電池	儲存在液態電解質儲槽	電解質在儲槽與電池間循環流動	離子交換膜(陰離子或是陽離子)
燃料電池	氣體或液體燃料 + 空氣	具有傳導離子功能的高分子、陶瓷材料、液態或熔融鹽類	具傳導離子的高分子或是陶瓷薄膜、或是含有液態電解質的多孔薄膜

9-2　電池與系統結構

　　全釩液流電池在所有液流電池中發展最為成熟的電池。目前日本、中國、德國、美國已有商業化產品出售與應用。單一儲電設施規模已達 15 MW 的充放電功率。它之所以廣被接受，甚至近商業化的產品，主要的優點是：

一、儲電系統容易維護

　　正負電極所使用的電解液中的活性物質均為釩離子，沒有正負極電解液交互污染的問題。電解液可以長時間操作不需要純化處理。

二、長電池充放電壽命

　　電極在充放電過程中沒有變化，僅做電流導通用。電化學反應是發生在電極表面，水溶液中的釩離子做氧化還原反應。在適當的充放電條件下，電池充放電壽命長，可達 5 年以上。

三、電池造價低廉

　　所使用的電池材料多為碳材和一般耐腐蝕高分子材料，沒有貴金屬。電池材料成本低廉。電解液中的釩元素是主要成本，約占整個儲電系統的 40%，視儲電量而定。

四、高充放電效率

充放電效率約在 80～90%，與鉛酸電池雷同。屬高效率儲電系統。

五、簡易熱管理

電池操作在常溫、常壓。沒有巨額的熱量需要移除或是需要加熱。熱管理相當容易，不須複雜或精密的加熱或排熱系統。

六、高電池安全性

電池操作在常溫、常壓下，電解液為硫酸水溶液。沒有爆炸、洩漏、火災的問題。電解液在密閉系統循環，沒有毒害氣體外洩問題。

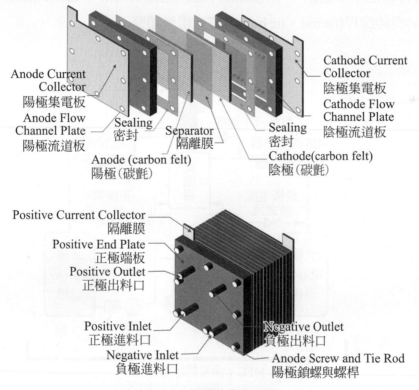

圖 9-5　單電池與電池組

　　本節液流電池與系統結構以全釩液流電池為例說明。電池儲電的架構可出分為電池組、周邊元件、電能管理等三部分。液流電池的結構如同燃料電池或水電解產氫的反應槽。圖 9-5 上圖是液流電池的單電池與電池組示意圖。由於單電池輸出電壓僅在 1.2V 左右。在實際運用上，需要多個液流單電池串聯提高輸出電壓。電池以疊堆的方式串聯組成電池組如圖 9-5。單電池中的電極(electrode)主要是使用多孔高表面積的碳氈或碳紙等耐酸蝕、具導電功能的碳材。電解液(electrolyte)是含有不同價數的釩離子與硫酸溶液所組成。它由循環幫浦傳輸到每個電池內，流經碳材電極中的孔洞，進行電化學氧化還原反應。目前電極表面並未有任何的觸媒加速電化學反應速率，因此需要相當大的電極面積來達到額定的輸出電流。電池體積也相較其他電池為龐大。正極與負極間的電解液以隔離膜(membrane)分隔。隔離膜可以使用具陽離子交換功能的高分子薄膜，例如 Nafion。或者是耐酸蝕的奈米級多孔的高分子薄膜。電池組兩端以碳材與金屬板合併的集電板(end plate、current collector)將電極所產生的電流導出或將電極所需要的電流導入。電池組內部的各電池之間以碳材雙極板(bipolar plate)隔開。碳材雙極板將各電池串聯起來。電池組最外端以絕緣表層的不鏽鋼或鋁合金端板(end plate、frame)與鎖螺桿(tie rod、tie bolt)將整組電池鎖緊。

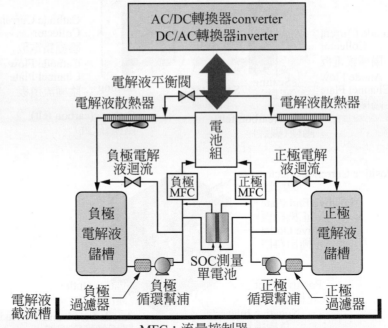

圖 9-6　電池儲電系統

　　液流電池儲電系統如圖 9-6 所示。每一組電池組(cell stack)再以串並聯的方式連結成一個儲電電池組。各個電池組正極與負極所需的電解液，分別由正、負極電解液的循環幫浦(pump)將電解液循環流動於儲存槽(electrolyte tank)與電池組之間。各個電池組所需的電解液共同儲存在同一個正極或負極電解液儲存槽中。電解液流經熱交換器(heat exchanger)或電解液散熱器，由外部加熱或冷卻方式保持電池組的操作溫度約在

10～35℃之間。電池系統的電量(SOC，State-of-charge)可以由測量並連在電解液迴路的 SOC 單電池開路電壓計算出來。因為由前述的 Nerstern 方程式可看出，電池開路電壓與電解液中各價釩離子濃度相關。

每組電池儲電系統的電力再經過變流器或逆變器(inverter)、轉換器(converter)與電能管理系統(energy management system，EMS)將電池輸出的低電壓直流電轉換成高電壓交流電。電能管理系統監控連結於電網的其他設施(如太陽光電、風力機、火力發電)狀況與電網負載情形，調配電池的充放電功率與充放電深度。目前商業化電池儲電系統已模組化。它可視不同應用場合，各單元儲電系統可以串並聯加大儲電功率或能量。

9-3 電池種類

由 1970 年至今，除了前述全釩液流電池之外，已有數十種不同電化學系統的液流電池發展出來。它們可以依電極或電解液種類分類，也可以由電池的結構可以粗分成下列三類。

一、全液流電池

電池正極與負極的活性物質(離子)都是溶於液態電解質中，電池在充放電過程中，這些離子活性物質改變離子的價態，例如釩離子(+2、+3、+4、+5)。這種電池有鐵/鉻、溴/聚硫、全釩、釩/溴等等。

二、固液兩相液流電池

電池正極或負極的活性物質(離子)是溶於液態電解質中，電池在充放電過程中，這些離子活性物質改變離子的價態。電池中另一個電極則是可溶性的金屬固體。固體電極在電池放電時，會由固體溶解出離子到水溶液中。在電池充電時，金屬離子會由水溶液中沉澱回金屬固體電極。這種電池有鋅/鈰、鋅/溴、鐵/鐵離子液流電池等等。

三、氣液兩相液流電池

電池正極或負極的活性物質(離子)是溶於液態電解質中，電池在充放電過程中，這些離子活性物質改變離子的價態。電池中另一個電極則是不溶性的固體。固體電極在電池充電時，會將水溶液分解產生氧氣或氫氣。在放電時會將儲存的氫氣還原成 H^+ 或是將空氣中的氧氣還原成水。這種電池有氫/溴、氫/氯、釩/氧液流電池等等。

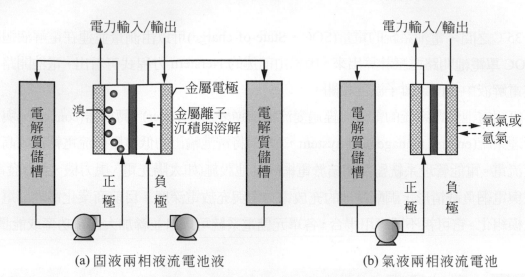

(a) 固液兩相液流電池液　　　　(b) 氣液兩相液流電池

圖 9-7　其他不同電池結構的液流電池

以下就前述各種液流電池舉例說明它的發展與特點。表 9-2 列出部分液流電池中正極、負極的電化學反應與電池在標準狀態下的平衡電壓。

表 9-2　各種液流電池在充電時，正、負極電化學反應與在標準狀態下的平衡電壓

	電池種類	正極	負極	平衡電壓(V)
1	鐵/鉻 (iron/chromium)	$Fe^{2+} \rightarrow Fe^{3+}+e^-$	$Cr^{3+}+e^- \rightarrow Cr^{2+}$	1.18
2	溴/聚硫 (Bromine/Polysulphide)	$3\,Br^- \rightarrow Br^{3-}+2e^-$	$S_4^{2-}+2e^- \rightarrow 2\,S_2^{2-}$	1.35
3	全釩 (All vanadium)	$VO^{2+} + H_2O \rightarrow VO^{2+}+2H^+$	$V^{3+} + e^- \rightarrow V^{2+}$	1.26
4	釩/溴 (vanadium/bromine)	$2Br^-+Cl^- \rightarrow ClBr_2^- + e^-$	$VBr_3+e^- \rightarrow VBr_2+Br^-$	
5	鋅/鈰 (Zinc/cerium)	$2Ce^{3+} \rightarrow 2Ce^{4+}+ 2e^-$	$Zn^{2+}+2e^- \rightarrow Zn$	～2.5
6	鋅/溴 (Zinc/ bromine)	$3Br^- \rightarrow Br_3^- + 2e^-$	$Zn^{2+}+2e^- \rightarrow Zn$	1.85
7	可溶性鉛酸電池 (Soluble lead-acid battery)	$Pb^{2+}+2H_2O \rightarrow PbO_2+4\,H^++2e^-$	$Pb^{2+}+2e^- \rightarrow Pb$	1.62
8	全鐵 (all iron)	$Fe^{2+} \rightarrow Fe^{3+}+e^-$	$Fe^{2+}+ 2e^- \rightarrow Fe$	1.07

在 1970 年代，美國太空總署(NASA)開始發展出 1 kW/13 kWh 鐵/鉻液流電池，用於太陽光電發電系統。當初選取這系統的主因是低材料成本。這種液流電池正極使用含有(Fe^{+2}/Fe^{+3})氧化還原對離子的鹽酸水溶液，負極使用(Cr^{+2}/Cr^{+3})氧化還原對離子的鹽酸水溶液。電池電極是多孔碳氈。隔離膜為具陽離子交換功能的高分子膜。充電時，正極電解液中的亞鐵離子(Fe^{2+})會在多孔碳氈電極上氧化成鐵離子(Fe^{3+})，負極電解液中的鉻離子(Cr^{3+})會在多孔碳氈電極上還原成亞鉻離子(Cr^{2+})。電子由正極經充電器流到負極。放電時，正、負極的電化學反應方向相反。電流由負極經由外部迴路流到正極。這電池因為低能量密度(低離子溶解度)、隔離膜劣化、負極電化學反應(Cr^{+2}/Cr^{+3})速率過慢等等原因而沒有商業化。後續人有許多研究試圖改良這種電池的缺點。

溴/聚硫液流電池在 1983 年有美國專利公告，自此開始這種電池的研發工作。Regenesys Technology 公司積極開發這類電池。曾經建立 15 MW 儲電示範廠，該廠有 120 MWh 儲電量，使用兩個 1800 m^3 的電解液儲槽，120 個電池組，每個電池組含有 200 個電池。這種電池中正極電解液是溶有 Br_2 的 NaBr 溶液，負極電解液是聚硫化鈉或 Na_2S。電解液內的活性物質都是陰離子，Br^-、Br^{3-}、S_4^{2-}、S_2^{2-}，因此隔離膜使用陰離子交換膜。電極材料是活性碳、發泡鎳、碳氈等等。這種液流電池的優點之一是電解液材料相當普遍，價格不高。然而這電池在長時間充放電，正極、負極電解液相互擴散，電解液組成會變化。充電過程有產生 H_2S 的可能，以及電池中未溶解到溶液中的 Br_2 會有安全顧慮。這些技術問題在溴/聚硫液流電池商業化前都需要解決。

釩/溴液流電池是針對全釩液流電池的缺點之一提出的改進電池。由於釩離子在硫酸溶液中的濃度最高僅能達 4.0 M 左右，這使得全釩液流電池整個儲電系統需要龐大的電解液體積來儲存足夠量的釩離子。系統的體積或重量能量密度變得很低(約 25～35 kWh/L)。為了改進這問題，釩/溴液流電池的正極改用含有鹵素(Cl^-、Br^-)的電解質。這使得電池得能量密度提高到(約 35～70 kWh/L)。電池正極電解液使用 Br^-/Br_3^- 氧化還原電子對，負極電解液使用 V^{2+}/V^{3+} 氧化還原電子對。然而在電池充放電週期中，溴離子與釩離子經由隔離膜的交互滲透擴散造成電池充放電效率快速的下降。第二代釩/溴液流電池在電解液中添加 VBr_2、VBr_3 改善了電池充放電效率快速的下降的問題。表 9-2 所列反應就是這改良電池的正極、負極電化學反應。由於溴的使用使得電池有溴洩漏的安全顧慮，後續釩/溴液流電池在電解液中添加螯合物，成功的將溴溶於液體中，降低它的揮發度。然而螯合物的添加以及使用有機溶劑，造成電池成本高昂，目前尚未能商業化應用。

可溶性鉛酸電池的正、負極如同傳統的鉛酸電池一樣，分別是 PbO_2 與 Pb。在電解液中含有過氯酸(percholoric acid)、鹽酸(hydrochloric acid)、六氟矽酸(hexafluorosilicic acid)、四氟硼酸(tetrafluoroboric acid)、甲磺酸(methanesulfonic acid)。放電時，PbO_2 與 Pb 並不會轉換成固態的 $PbSO_4$，而是轉變成溶解於電解液的 Pb^{+2} 離子。正極與負極的電解液同樣是含有 Pb^{+2} 離子的甲磺酸，因此不需要隔離膜隔離正極與負極電解液，也沒有正負極離子交互擴散污染的問題。然而在充電時，Pb^{+2} 離子在正極與負極會分別還原成 PbO_2 與 Pb。在還原過程中，會形成樹枝狀(dendrite)沉積，造成電極結構的改變，甚至有正負極短路的危險。這可藉由電解液添加劑來緩和這問題。目前充放電週期壽命、電流密度($40\ mA\ cm^{-2}$)、充放電效率($50\% \pm 15\%$)仍有改進的空間。

9-4　應用與發展

由於液流電池的能量密度不高，它的發展大多用於定置型的儲電，而沒有用在電動車、電動機車等移動型電源，或是筆電、手機等攜帶型電源。定置型儲電在電網的應用很廣。它可由 0.2 kW 小型瞬時充放電作為電力品質提升用，到 500 MW 大型長時充放電作為電能儲存與調節用。在定置型儲電主要是用於電網的儲電、電力調配、電能管理方面。最大的應用是即時能源使用成本管理(Time-of-use Energy Cost Management)。這種應用需要放電功率在 1 kW～1MW，供電 4～6 小時的儲電系統。液流電池儲電在電網的應用可以分為上、中、下游。在上游是電力廠發電(power generation)，在中游是輸電與配電(transmission and distribution)，在下游是電力消費端(customer service)。應用大致可以歸納出 17 種電網儲電的應用。這些應用情境隨著國家、法規而有所不同，台灣不見得適合所有的應用。電網儲電的應用情境包括：

一、大量電源儲存應用(Bulk Energy Sevice)
1. 電能時差套利(Electric Energy Time-shift)或套利(Arbitrage)
   如圖 9-8，在低電價時段將電能儲存起來，並在高電價時段將電能釋放。在消費端可以節省高電價的電費，在電源供應端同樣的電力可以提高售價。

2. 電力供應能力(Electric Supply Capacity)

在特定電力供給系統中,具有批發電力交易市場的情況下,消費端將電力儲存可用於延遲,或減少向電廠購買新電力的需要,或「租賃」發電電量。

3. 削峰填谷。

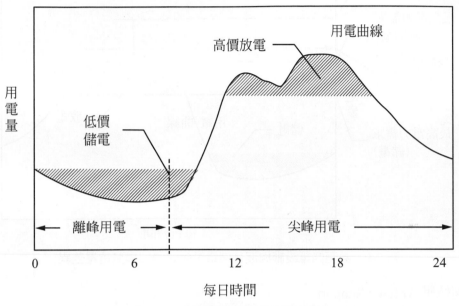

圖 9-8　每日用電曲線與時間電價

二、電能調節應用(Ancillary Services)

1. 電力調節(Regulation)

儲電可調節因為發電和負載的瞬時差異所產生的電力波動。儲電的電力調節就是要消除這差異。

運轉備用容量、非運轉備用容量、輔助備用容量(Spinning, Non-Spinning, and Supplemental Reserves)一個電網的運行需要儲備發電容量。它可以在正常發電設備意外無法供電時,補充發電缺口的儲備供電能力。這儲備量通常是發電量的 15～20%。運轉儲備(spinning reserve)是指銜接在電網上,與發電機同步的儲備供電,它在發電機或電力傳輸線故障時能在 10 分鐘以內遞補就位。非運轉儲備(Non-spinning reserve)是平時沒有銜接在電網上,並不與發電機同步的儲備供電。輔助儲備(supplemental reserves)是運轉/非運轉儲備的後備儲備供電,它通常是在 1 小時內能夠遞補就位。圖 9-9 是具有儲電設施與沒有儲電設施之每日備載電量差異。藉由儲電設施在中午時段補充電量,降低每日最高電量需求,間接降低備載電量需求。

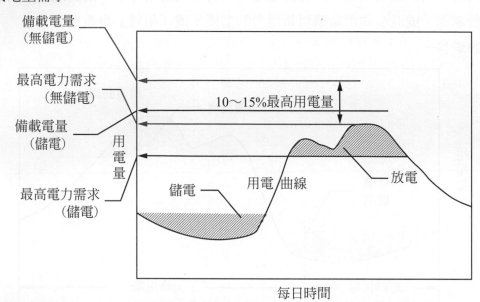

圖 9-9　具有儲電設施與沒有儲電設施之每日備載電量差異

2. 電網穩壓(Voltage Support)

電網的電壓需要維持在特定的範圍內。電網電壓常因發電、輸電、負載的變化而造成電壓的浮動。這區域性的電壓浮動可以由該區域的儲電設施作為穩定電源,消除電壓的浮動。

3. 黑啓動(Black Start)

儲電設施可以在斷電時提供電網臨時的電力,並提供電力給備用發電機,協助啓動備用發電機。

4. 負載追蹤(Load Following/Ramping Support for Renewables)

於特定區域內的電力供應(主要發電廠)隨時要和最終用戶的電力消耗(負載)維持平衡。儲電設備可以平衡電源與負載之間的輸出化。時間週期範圍從幾分鐘到幾個小時。

5. 頻率響應

調頻(Frequency Response)如同電力調節,但是它所調節的是極短時間(數秒以內)的電力變化。

三、輸電建設的應用(Transmission Infrastructure Services)

1. 延遲輸電網更新(Transmission Upgrade Deferral)

   儲能設施可以延遲或者避免輸電網更新的成本花費。假設一個輸電網在尖峰時期的輸電量已經接近電網的承載量,區域性的儲電設施可以提供尖峰時期所需電力,降低輸電網在尖峰時期所需的輸電量,延遲輸電網為了避免用電尖峰時期過載而必須更新輸電設備或整個電網。

2. 紓解輸電系統壅塞(Transmission Congestion Relief)

   電網輸電壅塞情形的發生是在低電價時或者是用電尖峰時期,輸電網無法傳輸所需電力,電力傳輸網發生壅塞現象。要解除這現象,除了更新電網、添置設備增加傳輸量之外,電力傳輸成本或費用也會跟著增加。區域性儲電可以供應區域所需額外電力,減少區域對輸電網電力輸送量的需求,紓解電網壅塞現象。如圖 9-10 所示,各輸配電節點保持電力供求平衡。節點 B 僅需 20 MW 電力。若當特殊時段或季節節點 B 需求 30 MW 電力,而節點 A 僅能供應 20 MW 電力。此時電網節點 B 面臨限電或斷電危機。電網 D、E、F 各節點之間必須增加輸配電能量以供應節點 B 額外的電力。若節點 B 有儲電設施 C,則電網不須變動,僅需由儲電 C 供應節點 B 額外的電力。儲電設施可在離峰時段補充電力。

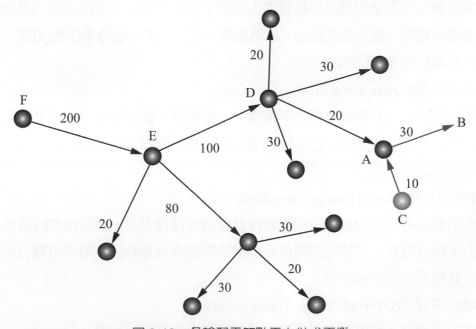

圖 9-10　各輸配電節點電力供求平衡

3. 提升輸電穩定度(Transmission Stability Damping)

利用儲電設施降低電網在尖峰所需輸電量，電網發生事故時提供電力遞補無法輸送的電力，提高電網輸電品質與穩定性。

4. 次同步共振(Sub-synchronous Resonance Damping)

儲電設施可以在毫秒以內，快速淺層充放電來平衡電網輸電的變化，維持電網電壓、振幅、頻率的穩定度。

四、配電建設的應用(Distribution Infrastructure Services)

延遲配電更新(Distribution Upgrade Deferral)

如同延遲輸電更新，儲電設備提供額外電力給區域性消耗，降低變壓器在尖峰時期滿載或過載。這樣可以延遲或避免配電設備更新的耗費。通常尖峰用電常在每年特定節日時段發生。這種尖峰用電會比其他日用電量瞬間會高出許多。每年會有數十小時這種特殊尖峰用電。為此特殊尖峰用電而更換整個輸配電設施成本耗費過高。儲電設備可以延遲或避免這現象。

五、消費者能源管理應用(Customer Energy Management Services)

1. 電力品質(Power Quality)

儲電設施在電力使用端可以維持電力品質，確保使用者不會因為電力供應的不穩定而造成損害。電力品質包括：電壓振幅、電力頻率、低功率係數(電壓、電流的相位差異)、不斷電等等。

2. 電力可靠度(Power Reliability)

儲電設施是可以在斷電時提供所需電力。斷電時，儲電設施與使用者的負載在斷電時形成獨立電網，在恢復供電能銜接電網並再與電網電力達成同步(resynchronize)。

3. 零售電力時移(Retail Energy Time-Shift)

電力消費者可以運用儲電設備在離峰低電價時儲存電力，在高電價時段使用所儲電力，降低電費。這情形如同前面所述的電能時差套利。該項是由電力供應端著想，此處是由消費端著想。

4. 尖峰成本管理(Demand Charge Management)

對電力消費者，儲電設備可以讓消費者避開尖峰高電價用電。

　　目前應用最廣泛的大型儲電視抽蓄發電(pumped hydro)。利用水庫上池、下池的方式，儲電時將下池水用幫浦打到上池儲存。需要電時，上池水放下經由發電機流到下池。現有水庫儲能量尚可滿足傳統電廠與電力消費之間的負載平衡，再生能源的能源管理；但是這種儲能系統受到地理環境的限制，水庫的建造對區域生態環境改變很大，未來不會隨著再生能源的興起做等量的增加。儲能議題與相關的商機將會浮現出來。二次電池是各種儲能技術中最有發展潛力的技術。他們已有許多(kW～MW)雛型儲能系統在不斷電或電力品質控制的應用。這些二次電池包括：鉛酸電池、鎳鎘電池、鎳氫電池、鈉硫電池。這些二次電池屬於內部儲存能量的電池，也就是說電池將電能儲存在電極中，若需要延長儲電時間就需要更多的電極與電解液，電池的重量與體積會隨著儲電時間的延長而增加。鉛酸電池因為回收對環境的衝擊大並且在深度充放電的週期壽命短，並不適合做為大規模的儲電。鎳鎘電池有記憶效應也不適合。鈉硫電池的充放電效率可達 90%以上，有潛力做為大規模的儲電；但是因為 300 ℃ 的操作溫度與鈉、硫的危險性，仍需要近一步評估。鎳氫電池的壽命、充放電效率、價格仍需要改進。

　　過去國內的儲能系統研究主要偏重於小型的鉛酸電池與鋰電池而較少著墨於液流儲能電池的研發。國外全釩液流儲能電池的示範驗證案例有許多件。在歐洲 2004 年建置 1.1 kW 太陽光電/1 kW 風力/1 kW 電池的發電/儲電系統。加拿大 VRB Power 公司已在全球 12 個地點以電池作為太陽光電、風力發電的能源管理或作為商業大樓的備用電力。美國猶他州設立 250 kW，可儲存電量 2,000 kWh 的電池作為尖峰/離峰負載平衡。日本住有公司在 2000 年先後設立 6 座儲電量不同的電池系統在商業大樓。這 6 座的儲電量分別是 450 kW/2h、100 kW/8h、200 kW/8h、170 kW/6h、3MW/1.5s 1.5MW/1h、30 kW/8h。此外日本與加拿大 VRB Power 合作在 2007 年完成 32 MW 風力發電廠與 4 MW/1.5 h(尖峰功率 6 MW)的電池儲電設施。中國於 2009 年成立普能科技公司，該公司合併加拿大 VRB Power Inc.，成為一國際全釩液流電池公司。全釩液流電池儲能電池在全球雖然有許多大型儲能示範運轉成功的案例，但是它的充放電效率、充放電功率密度、價格、操作溫度範圍、甚至能量密度仍然有許多需要改進的空間。它屬於二次電池(鉛酸電池、鋰電池、鎳氫電池)，具超高電容、壓縮空氣儲電、水庫抽蓄儲電等儲能技術的一環。

　　住友電工於 2012 年在該公司橫濱廠完成一示範液流電池儲電廠。該廠主要電力來源是由 66 kV 的市電供應。廠房已有天然氣發電機供應尖峰用電。這示範運行計畫增加聚光型太陽光電發電系統(concentrated photovoltaic solar cell，CPV)、全釩液流電池儲電系統(vanadium redox flow battery，VRFB)、電源轉換與能源管理系統(EMS，energy management system)。共有 15 座 7.5 kW 的 CPV，8 座 125 kW 的液流電池。每座液流電池配備正極與負極電解液槽兩座，蓄電量 625 kWh。CPV 發電系統最大功率是 100 kW。液流電池儲電系統最大功率 1 MW，蓄電量 5 MWh。這套 CPV 發電"VRFB 儲電示範運轉是整個橫濱智能城市計畫(Yokohama Smart City Project，YSCP)的一部分。住友電工建置這套系統展示驗證所謂的工廠的能源管理系統(factory energy management system，FEMS)。

　　該計畫所建置 CPV 與 VRFB 場地照片。1MW/5MWh 的 VRFB 占地面積約為 100 kW 的 CPV 的 40%。在 VRFB 儲電系統前方是兩座 250 kW 與 1 座 500 kW 的電源轉換器。在每座 VRFB 電池與儲槽下均有漏液槽，防止電池或電解液儲槽洩漏時，電解液不會外洩到儲電系統外部。

　　該計畫建置 VRFB 有三種預期功能用。

1. 削峰填谷，廠房低用電量時將電儲存到電池中，尖峰用電時再將電能由電池釋放出來。這功能可以減少電網用電量的變動並降低契約容量，降低用電成本。

2. 平整輸出電壓，將 CPV 所產生隨時變動的電能以儲電系統平滑化。這樣使得系統能夠輸出平整的電壓與電能，提高供電品質。

3. 發電最佳化，配合天候預估資訊，將 CPV 多餘電能儲存於電池，發揮 CPV 最大發電功能。

　　如圖 9-11 所示，若無儲電設施，太陽光電過剩的電能無法回饋到電網時，太陽光電最大設置量受限於用電量(虛線)。然而，有儲電裝置時，再生能源可增加設置量(實線)，過剩電量可儲存並在需要時釋放。

　　住友電工橫濱廠 CPV 與 VRFB 的儲電計畫是橫濱智慧城市計畫(Yokohama Smart City Project，YSCP)的一部分。該計畫是在橫濱建造一個低碳、創新科技、下世代能源體系與社群結構的計畫。該計畫將會在三種屬性迥異的社群建造能源管理系統。建造地點分別位在含有 76,000 戶家庭的 Kohoku 港北新住宅社區、3,600 戶家庭的 Miniatomirai 21 都會區未來港，以及含有 87,000 戶家庭的 Yokohama Green Valley 工業社區。整個計畫使用核能與水力中央發電系統搭配太陽光電與風力發電等再生能源提供電力給這些社區。社區運用智慧電網、儲電設施與能源管理系統調配電網電能。社區將大量使用電動車並建置充電站,將太陽光電所產生的電能利用充電站儲電電池與電動車做儲能與電力調配的功能。運用太陽光電、太陽熱能、熱電共生燃料電池、熱泵等多元化能源搭配家庭能源管理系統(home energy management system,HEMS)供應家庭冷氣、暖氣與電能。此外,住友電工將於 2015 年在北海道建置 15 MW/60 MWh VRFB 儲電廠。該儲電廠將與當地風力機與太陽光電結合。除了住友電工之外,德國 Gildemeister 全釩液流電池儲電系統已在 2008 年開始推出商業化儲電產品。

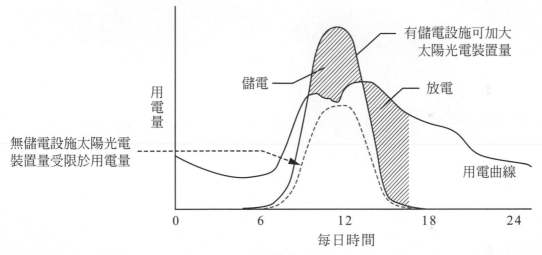

圖 9-11　儲電設施可以增加再生能源(如太陽光電)設置量

9-5　結論

再生能源包括風力發電、太陽光電的建置與應用已在全球各地區快速的成長。再生能源是面對未來石化能源短缺、降低二氧化碳排放、減緩全球暖化、促進經濟繁榮的最佳解決方案之一。由於這些再生能源的隨著天候與日照產生間歇性的電能,這對電網供電穩定性與品質上有很大的衝擊,需要儲電設施來平穩供電。儲電在島嶼、偏遠地區、微電網、智慧電網上的應用非常重要。

在大型電網級儲電應用上,全釩液流電池已逐漸脫穎而出,成為目前這方面應用的首選。然而它的儲電效率、能量密度、建置成本、釩元素的供給在未來全面推廣應用時，會面臨許多發展瓶頸。它在技術上仍有許多改進空間。其他各類電池，包括金屬空氣電池的發展也會有取代它的可能。

近百年，工業革命將人類推向前所未有的繁榮與科技文明。鐵路、汽車、飛機、火力發電等等促使人類社會的發展幾乎完全依賴石化能源。在 21 世紀，電動車、燃料電池、風力發電、太陽光電將會興起另一波的能源革命。我們將會見證到應用潔淨、永續能源技術的社會文明。

練習題

1. 請說明液流電池工作原理。

2. 請說明液流電池與二次電池(鉛酸電池、鋰離子電池)的差異。

3. 請列出單電池內的組成元件。

4. 請說明儲電系統的主要組成元件。

5. 請就結構與操作原理上說明液流電池的種類。

6. 請說明各種液流電池的種類。

7. 請說明儲電在電網大量電源儲存上的應用。

8. 請說明運轉備用容量的含義。

9. 請說明儲電在電網輸配電建設上的應用。

10. 請說明儲電在電網消費者能源管理上的應用。

1. deLe´on, C.P., Fr´ıas-Ferrer, A., Gonz´alez-Garcia, J., Szanto, D.A., Walsh, F.C. : "Redox flow cells for energy conversion", Journal of Power Sources, 160,pp. 716–732, 2006.

轉述文獻

1. Beaudin, M., Zareipour, H.,Schellenberglabe, A., Rosehart, W. :"Energy storage for mitigating the variability of renewable electricity sources:An updated review", Energy for Sustainable Development, 14,pp. 302–314, 2010.

2. Kear, G., Shah, A.A., Walsh, F.C.:"Development of the all-vanadium redox flow battery forenergy storage: a review of technological, financial andpolicy aspects", Int. J. Energy Res.DOI: 10.1002/er, 2011

3. Weber, A.Z.,Mench, M.M., Meyers, J.P., Ross, P.N.,Gostick, J.T.,Liu, Q."Redox flow batteries: a review", J ApplElectrochem. 41, pp.1137-1164, 2011.

4. Schreiber,M., Harrer, M., Whitehead, A., Bucsich, H., Dragschitz, M., Seifert, E., Tymciw, P.:Practical and commercial issues in the design and manufacture ofvanadium flow batteries", Journal of Power Sources, 206,pp. 483– 489, 2012

10 CHAPTER

電轉燃料儲能技術

10-1 緒論

隨著太陽能、風能等再生能源的快速發展，對於大規模、長時間的能量儲存系統需求也正不斷增加；這主要是因為太陽能、風能等能源並非穩定的能源，會受到天候、陰晴、日夜等因素而有大幅度的變動，如果欠缺長期且大量的能源儲存系統，將會限縮風力、太陽能等不穩定的再生能源發展空間。因此，未來儲能系統的快速發展，可望帶動整個綠色能源系統的大規模建置。

本章將說明電轉化學燃料技術，其中電轉燃料是指使用電力來產生化學燃料的技術，這是將多餘再生電能轉換成為化學能以利長期儲存的一種新穎技術，可應用於發電或車輛能源；反之，燃料電池則是將燃料化學能轉換為電能的裝置。關於燃料電池，許多專書中都已有精闢詳細的探討，本章限於篇幅，僅針對各種將電能轉換為燃料化學能的技術進行解說。

雖然，氫是宇宙中存量最多的單一元素，但是由於氫的高化學活性，地球上幾乎所有的氫都已和其它元素形成化合物，並不存在可供開採的氫存量。與其說氫是一種能源，更正確的講法應該是，氫是儲存能量的一種載體。氫氣可藉由各種水裂解而產生，而以化學能的形式儲存起來，之後可藉由燃料電池釋放能量而還原為水。氫能的優點在於環保、高效率、可循環使用，因此氫能可說是我們對能量載體需求的終極夢想。

　　但是，要從傳統的化石燃料能源經濟，成功轉換成氫能經濟，將是一件浩大的工程。圖 10-1 說明了建構氫能經濟所需涉及的各種技術層面；以目前的科學工藝，要達成此目標還有相當長遠的距離，需要科學家、工程師發揮創意戮力以赴；也需要國家以及產業界大規模的投資，以建構龐大的基礎建設。

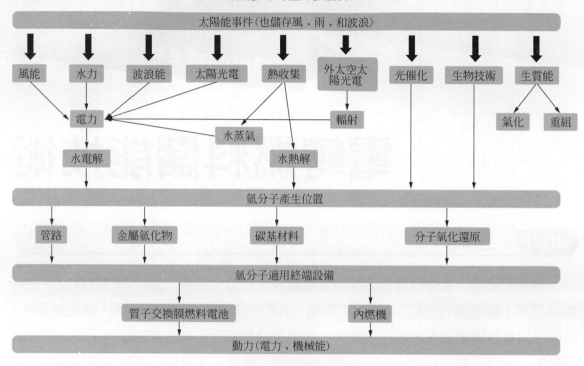

圖 10-1　建構氫經濟所涉及的各種技術層面

　　現今世界，有許多不同的儲能系統已經被廣泛應用，包括飛輪、蓄電池、壓縮空氣儲能、抽蓄水力發電、氫能、合成天然氣…等等。相較於其他儲能技術，其中氫能與合成天然氣是能夠大規模且長期儲存電能最可行技術。如圖 10-2 所示，在所有儲能技術之中，氫能與合成天然氣為儲存容量最大、儲存時間最長的技術，是整體電力供應系統，調節供需以達到負載平衡的一項必要工具，更是整個能源系統不可或缺的一環。此外，將再生電能轉換為天然氣也可提供車輛及其它移動裝置作為燃料使用，因而大幅擴大了綠能的應用範圍。與化石燃料不相同的是，合成燃料是吸收現有的碳源來合成的，因此燃燒時並不會生成額外的二氧化碳，也就不會造成地球暖化。

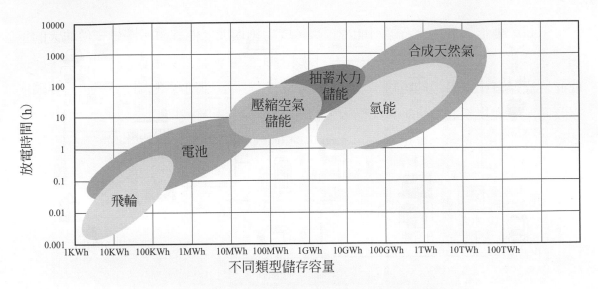

圖 10-2　不同電能儲存系統之放電時間與儲存容量關係圖

10-2　電轉燃料技術

電轉燃料技術(Power to fuel)是最近幾年德國研究人員發明的方法，目的用來儲存包括風能、太陽能等再生能源，其在短時間內所過量產生的發電。目前全球風能和太陽能發電量日益增多，但由於風能與太陽能經常是在不規則且需求低的時間區間中產生電能，因此如何有效儲存和綜合利用這些綠色電能仍是亟待解決的技術問題[1]。

目前儲電的新思路為：首先利用太陽能、風能所產生的過剩電力將水電解為氫氣(H_2)和氧氣(O_2)，之後再使用生成的氫氣與二氧化碳(CO_2)反應產生甲烷(CH_4)或碳氫燃料(柴油、汽油等)。這個過程實際上就是利用過剩的電能，以人工合成天然氣或液態燃料。這些天然氣可以很方便地被導入現有的天然氣基礎設施中進行綜合利用。

圖 10-3 是第二種電轉燃料系統的示意圖。第一步是以風能、太陽能、或其他可再生電力將水電解為氫氣和氧氣。德國研究者更進一步利用甲烷化製程將氫氣和二氧化碳或一氧化碳結合產生合成甲烷或碳氫燃料。所合成的甲烷可以通過天然氣網路進行儲存、輸送、使用，如生產電力、製熱或作為運輸燃料等。

電轉燃料是將再生電能轉換成燃料的一種技術。目前所使用電轉燃料技術有三種型式；第一步都是先使用電能藉由電解將水裂解為氫與氧。

第一種形式將所得到的氫氣，直接注入天然氣網路使用(以 2%為限)，或者作為交通工具的燃料或工業使用。

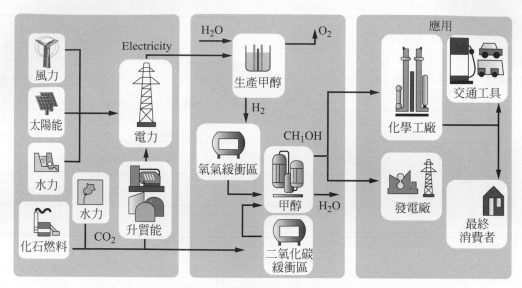

圖 10-3　電轉燃料系統示意圖

　　第二種形式是藉由甲烷化(methanation)製程將氫氣和大氣中的二氧化碳或一氧化碳相結合產生合成甲烷。

　　第三種形式將氫氣與生質氣體產生器所產生的二氧化碳反應以產生甲烷。這種形式所產生的甲烷必須將諸如二氧化碳、水、硫化氫、與粉粒等移除以避免造成天然氣網絡損壞。

　　上述第二、三種形式中的甲烷化反應，其化學反應說明如下：

$$3H_2 + CO \rightarrow CH_4 + H_2O_{(g)} \qquad \Delta HR = -206 \text{ kJ/mol} \qquad (10\text{-}1)$$

$$4H_2 + CO_2 \rightarrow CH_4 + 2H_2O_{(g)} \qquad \Delta HR = -165 \text{ kJ/mol} \qquad (10\text{-}2)$$

　　甲烷化是一種放熱反應，並不是自發性反應，需要提供一些起始能量來啓動，一旦啓動則會持續進行反應。

　　電轉燃料方法，目前主要缺點是傳統的水電解能量損失較大，將電力轉化爲甲烷的儲能效率只有 60%(目前運行的試點計畫的轉換效率只有 40%)。如果甲烷隨後被使用於天然氣發電廠，則儲能效率將下降至 36%(如果甲烷化工廠汽電共生，則效率約在50%～60%之間)。反觀，抽水蓄能電站的儲能效率則可達到 70%～80%之間。雖然，純就儲能效率而言，目前直接化學儲能還跟不上其他能源儲存技術，但是直接化學儲能是以燃料的形式產出，因此可以增加額外營收，在商業模式上更有利可圖，而且也沒有電池內部結晶、使用壽命有限等問題。此外，將電力轉爲天然氣不但可以被長時間儲存、隨時存取，更可以推動包括太陽能、風能等綠能，在整個能源系統中提高佔比，甚且在電轉氣的化學反應中還可以回收二氧化碳或一氧化碳，對於減緩地球暖化做出貢獻。這些優點充分說明了電轉氣技術是整體能源佈局中不可或缺的一環。電轉燃料之兩件關鍵技術：水電解與合成甲烷化技術之細節技術發展說明如後續章節。

10-2-1 水電解(Electrolysis)

電轉燃料之產氫技術，目前的方法，主要為電化學的水電解方式，將再生能源的電能，用電解轉換為化學能氫氣。電解(Electrolysis)是電流通過物質而引起化學變化的過程，其化學變化是物質失去或獲得電子(氧化或還原)的過程。水電解適於存儲過剩之電能，它係藉由能源(電與熱能)將水分解成氫氣與氧氣。

已成熟之鹼性電解器(Alkaline electrolyzer)，即鹼性燃料電池(Alkaline fuel cell，AFC)之逆操作如圖 10-4，藉由非貴金屬(不銹鋼、鎳)作為電極置入鹼性溶液(KOH)，並通以適當電壓進行電解，雖然此技術之氫氣純度不高(因混有部分氧氣，多作為高溫氫氧焰之商業用途)，但優點為成本最低，也能大量產氫氣；主要缺點則為能源轉化效率最低，會提高能源使用成本。其化學反應式如下：

$$陽\quad極：2OH^- \to 2e^- + \frac{1}{2}O_2 + H_2O \tag{10-3}$$

$$陰\quad極：2H_2O + 2e^- \to H_2 + 2OH^- \tag{10-4}$$

$$總反應：H_2O \to \frac{1}{2}O_2 + H_2 \tag{10-5}$$

輸入氫的自由能 237 KJ/mole，而驅動電解這個化學反應所需之等效最小施加電壓可由熱力學決定：

$$|E^0| = \frac{\Delta G}{nF} = 1.23 \tag{10-6}$$

其中，$F = 9.65 \times 10^4 C$ 是法拉第常數，而 n (= 2)是這個反應中所包含的電子數。事實上，除了上述的等效最小施加電壓之外，還需要一個額外的電壓才能驅動這個化學反應。這個額外電壓稱為過電位(Overpotential)，是無電流通過和有電流通過時電極電位之差值。量測到的過電位代表為了維持電極反應速率電流密度所需要的額外能量，此能量會轉換成熱能。這個過電位是由下列因素所造成：將電子由電極轉移至電解質的活化能、化學反應、濃度、氣泡、阻抗等。

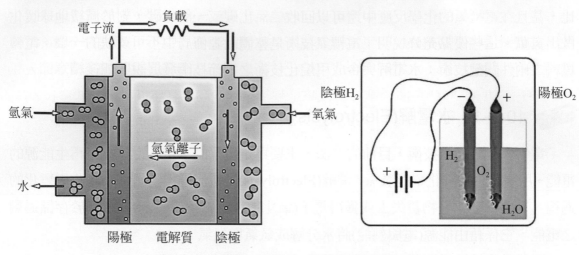

圖 10-4 鹼性水電解(上)與鹼性燃料電池(下)

　　發展中之高分子電解質電解器(Polymer electrolyte electrolyzer，PE electrolyzer)，需利用貴金屬(Pt, Ir)作爲電極，並於中間置一固態高分子膜爲電解質，成爲主要電解器結構(正極/電解質/負極)。此種電解器之快速發展與改善，與其逆操作之高分子電解質燃料電池(Polymer electrolyte fuel cell，PEFC)之持續發展進步相關如圖 10-5。但其離子傳導須以水爲介質，所以操作溫度皆不得高於 80℃。

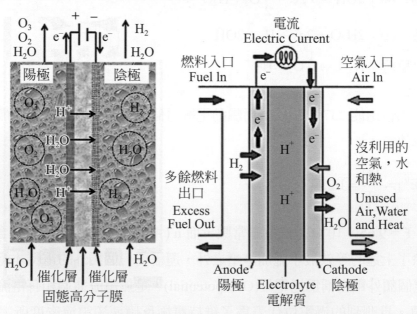

圖 10-5 高分子電解質水電解(左)與高分子電解質燃料電池(右)

　　受限於熱力學影響，低溫(80℃)水電解需投入大量電力將水分解為氫與氧；再者，儲存之氫氧透過低溫燃料電池所釋出之電能雖是一次高效率轉換，然尚有提升之空間。若能藉由核電廠離峰時段之高溫蒸氣，將水電解器操作溫度一舉提升至 800℃，則可降低電能之需求如如圖 10-6。因此，發展高溫固態氧化電解器(Solid oxide electrolzer cell，SOEC)技術如圖 10-7，將是解決大型儲能、發展低成本高效率技術(約 > 90%，明顯高於低溫高分子電解質電解器與鹼性電解器技術之< 70%)。而其逆操作之高溫固態氧化物燃料電池技術(Solid oxide fuel cell，SOFC)技術亦是燃料電池中效率最高者。

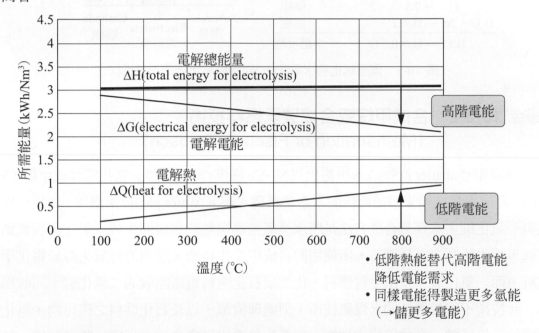

圖 10-6　水電解在不同溫度下所需之電熱能輸入示意圖

　　此高溫固態氧化電解器高效率的水電解技術，可提高再生能源之能源儲存的商業化機會；此技術結合碳中性燃料合成，降低轉換能源損失與成本，加速取代石化燃料，以及降低車用燃料的二氧化碳排放量。高溫固態氧化電解器產氫技術，可解決過去水電解能源效率低的瓶頸問題，然而，此技術相對還未成熟達到商業化，主要原因在於材料的性能、穩定與壽命，以及生產成本較高，且還未有量產技術等問題，目前僅處於實驗室研發階段[2]。

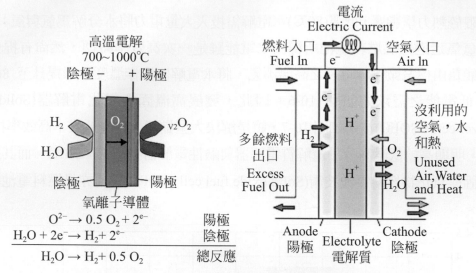

圖 10-7　固態氧化物水電解(左)與固態氧化物燃料電池(右)

 ## 10-2-2　合成甲烷或合成碳氫燃料技術
(Methanation or Fischer- Tropsch)

　　1902 年，Sabatier &Sendersen 提出以 Ni、Co 觸煤，將氫氣與一氧化碳合成甲烷(CH_4)技術。合成甲烷技術來源於傳統的水合燃料為水煤氣(water gas)技術應用，其組成為氫氣與一氧化碳。水煤氣合成方法是將水蒸氣通過熾熱的焦炭而生成一氧化碳與氫氣。然而，再生能源之電轉燃料，所使用的合成甲烷化技術，所須的氫氣來源於電化學水電解，而一氧化碳，須由生質燃料、化工或石化燃料電廠回收的二氧化碳，回收為燃料。此技術不同於傳統的水煤氣技術，須處理碳源，以及石化燃料之硫化物，氮化物之環境污染氣體。合成甲烷化技術，為天然氣重組氫氣之逆向反應，將氫氣與一氧化碳合成為甲烷，主要的技術為觸媒與反應器設計。

　　甲烷(化)合成技術可藉由多道步驟過程來進行。先藉由水電解產生氫氣和氧氣，氫氣隨後與二氧化碳在薩巴蒂爾過程(Sabatier process)反應，產生甲烷和水。甲烷可以儲存運輸並稍後用於產生電力與水。所得的水可再循環利用，從而減少了對水的需求。水電解階段產製之氧氣可進行儲存，並與儲存甲烷進行純氧(富氧)燃燒，減少氮氧化物之排放；燃燒過程中會產生的二氧化碳和水，二氧化碳可以再循環以提高該薩巴蒂爾過程，和水再循環用於進一步電解。甲烷的生產、儲存和燃燒回收將可達成碳中和之目標。

電轉燃料方法中，除了將電轉換氫氣或甲烷儲存與應用外，另一方面也可轉換為液態的碳氫燃料如甲醇、柴油燃料等，提供目前運輸載具使用，如汽車，船舶或飛機應用。1924 年，Fischer &Tropsch 提出以 Fe 觸媒，將天然氣重組，或煤碳水解，產出氫氣與一氧化碳可合成液態碳氫燃料，如汽柴油，固體臘等。此技術在二次世界大戰時，已應用於軍事移動載具使用。如將此技術，應用於碳中性的燃料生產技術，為以電化學方式，將水與二氧化碳，電解產出氫氣與一氧化碳之合成氣，再經由 Fischer &Tropsch 程序，將合成氣轉換為柴油燃料等。此液態燃料，不僅適合應用於運輸載具，能長距離移動，也可用來成為長時間電力能源的儲存方式[3]。然而，其未來商業化的技術瓶頸，主要為如何獲得低成本且大量的水力、風力發電再生能源。此技術不只能提高再生能源穩定供給，更能進一步將再生能源轉換為碳中性的化學燃料，並使用於移動載具，同時解決車輛、船舶、飛機的低碳替代能源使用。

10-3 電轉燃料示範運轉計畫

目前世界上已建構並運轉的系統有：德國 ZSW 與 SolarFuel GmbH 於 2012 年 10 月在德國司圖加建構一套 250 kW 甲烷合成展示系統。2013 年 12 月，英國 ITM Power 與德國 NRM NetzdiensteRhein-Main GmbH 於所設置的系統中，開始將氫氣注入天然氣輸送管路。這套系統的功率消耗為 315 kW，每小時產生 60 m^3 氫氣，相當於每小時輸送 3000 m^3 富氫天然氣。2013 年 8 月，比利時 E. ON Hanse、德國 Solvay S. A.與瑞士 Swissgas 在德國 Falkenhagen 設置一套商轉系統。這套系統使用風能及電解設備來產生氫，系統最大功率為 2 MW，每小時產生 360m^3 氫氣。德國 Audi AG 在 Werlte 建構第一套產業規模的電轉氣廠。這個廠使用 6 MW 輸入功率，每小時產出 1,300 M^3 氫氣，並使用生質氣體工廠的二氧化碳及間斷的再生能源來產生液化天然氣(liquefied natural gas，LNG)，可被饋入當地的天然氣網路或供瓦斯車(e-gas)使用如圖 10-8 [4]。

Audi 在新一代 e-diesel 技術開發的示範計畫中(2015 年)，導入 Sunfire 高溫固態氧化物水電解技術[5]。Sunfire 以 100 kW 高溫固態氧化電解器電解水產氫，結合二氧化碳回收，以 Fischer Tropsch 製造碳中性柴油(e-diesel)。此 e-diesel 具有更高的能源密度，能提供車輛使用，而電力來源則為低碳的風力再生能源，其高溫固態氧化電解器高效率的能源轉化技術，降低了合成柴油的生產成本。此碳中性的合成柴油，估算其燃料成本約接近於目前生質柴油的生產成本。未來為了降低車輛的碳排放量與空氣汙染，此技術可參考石化柴油的添加比率法規，作為初期的切入市場。

圖 10-8　Audi 汽車公司建製 6 MW 產氫與合成天然氣的電轉氣示範廠[4]

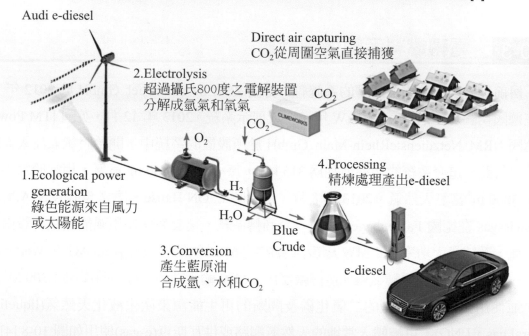

圖 10-9　Audi-Sunfire 公司，高溫水電解(SOE)與碳中性合成柴油(e-diesel)[5]

　　當未來 20～30 年後，人類面臨石化燃料枯竭，必須尋求替代能源的時候，電轉燃料技術將成為永續且低碳的替代燃料。雖然純電動車或燃料電池車技術日益精進與成熟，然而，對於船舶、飛機或長途卡車等，需要供給更高能量密度的燃料能源，對於鋰電池或氫能燃料電池來說，不可能將其應用於完全取代所有的運輸載具；此時，低碳與永續的替代石化燃料應用的碳中性燃料開發，將是必要發展之科技。

1. 請問再生能源發電有哪些？

2. 請問太陽能、風能等再生能源為何並非為穩定的能源？

3. 宇宙中存量最多的單一元素為何？

4. 請問利用電轉燃料技術當作儲能應用的反應步驟為何？

5. 電轉燃料是將再生電能轉換成燃料的一種技術。目前所使用電轉燃料技術有哪三種型式？

6. 電轉燃料方法目前主要缺點為何？

7. 目前低溫水電解主要使用哪種燃料電池技術？

8. 目前電轉氣主要的困難是什麼？

9. 最有潛力的氫氣儲存方式為何？

10. 透過水電解產生的氫氣，透過哪種設施運送最為方便？

參考文獻

1. Tilman J. Schildhauer (Editor), Serge M. A. Biollaz (Editor), Synthetic Natural Gas: From Coal, Dry Biomass, and Power-to-Gas Applications, Wiley, 1st Edition, July 5, 2016.

2. Christopher H. Wendel, Zhan Gao, Scott A. Barnett, Robert J. Braun, Modeling and experimental performance of an intermediate temperature reversible solid oxide cell for high-efficiency, distributed-scale electrical energy storage, Journal of Power Sources 283 (2015) 329e342.

3. Choi, Y.H., Jang, Y.J., Park, H., Kim, W.Y., Lee, Y.H., Choi, S.H., ee, J.S., Carbon dioxide Fischer-Tropsch synthesis: A new path to carbon-neutral fuels, Applied Catalysis B: Environmental, Volume 202, 1 March 2017, Pages 605-610.

4. http://www.etogas.com

5. http://www.sunfire.de/en/

電化學檢測方法

11-1　電極電化學反應基本原理

　　構成電池的基本三要素是陽極、陰極、電解質，如圖 11-1 所示。在陽極發生的反應是氧化反應，也就是說反應物在陽極上會被氧化，自身價數變高，並且釋放出電子。例如

　　在乾電池陽極：$Zn + 2H_2O^- \rightarrow Zn(OH)_2 + 2\,H^+ + 2e^-$　　　　　　　　　(11-1)

　　在鉛酸電池陽極：$Pb + HSO_4^- \rightarrow PbSO_4 + H^+ + 2e^-$　　　　　　　　　(11-2)

　　鋅(Zn)金屬在陽極氧化成鋅離子(Zn^{+2})與水結合成氫氧化鋅($Zn(OH)_2$)並且釋放出兩個電子和兩個氫離子。鉛金屬(Pb)在鉛酸電池陽極中氧化成鉛離子(Pb^{+2})與硫酸根離子(SO_4^{-2})結合形成硫酸鉛($PbSO_4$)並且釋放出兩個電子。乾電池或鉛酸電池的陽極釋放出電子，因此電子由陽極流出。

　　在陰極發生的反應是還原反應，也就是說反應物在陰極上會被還原，自身價數變低，並且獲得電子。例如：

　　在乾電池陰極：$8\,MnO_2 + 8H^+ + 8e^- \rightarrow 8MnOOH$　　　　　　　　　(11-3)

　　在鉛酸電池陰極：$PbO_2 + 3H^+ + HSO_4^- + 2e^- \rightarrow PbSO_4 + 2H_2O$　　　　　(11-4)

如上例，乾電池中的二氧化錳(MnO_2)在陰極上獲得電子，由四價的 Mn^{4+}離子還原成三價 Mn^{+3} 的氫氧化錳(MnOOH)。在鉛酸電池的陰極進行還原反應。氧化鉛(PbO_2，四價鉛 Pb^{+4})獲得電子與硫酸根結合形成硫酸鉛($PbSO_4$，二價鉛 Pb^{+2})。電子由外部流入陰極，將陰極活性物質還原。

電池的正、負極與陰、陽極之間的關係在這一段說明如圖 11-1。前述乾電池或是鉛酸電池的例子中，電子是由陽極流向陰極。電流流動的方向與電子流流動的方向相反。因此電流是由陰極流向陽極。依照電流由正極(+)流向負極(−)的定義，電流是由陰極流向陽極。電化學上所謂的陽極就是電池的負極。例如，乾電池的外殼是鋅(Zn)，在電池放電時，鋅是被氧化成鋅離子，因此鋅殼是電池的負極也是電化學上的陽極。同理，鉛酸電池的鉛在放電時會被氧化，因此它是電化學上的陽極也是電池的負極。在鉛酸電池充電時，電流流動方向與放電時相反，原來在放電時的陽極(式 11-2，氧化反應)變成陰極(還原反應)。為了避免混淆，電池的正極、負極都是以電池放電時的反應來定義。

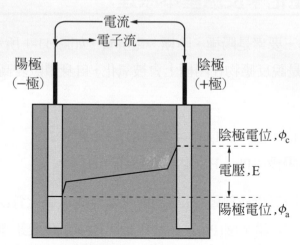

圖 11-1　電池基本結構，電壓/電位、陰極/陽極、氧化/還原、正極/負極、電流/電子流的關係

電化學系統中隔離陰、陽兩極的是電解質。電解質本身是良好的電子絕緣體，它隔離電池的陰極、陽極，避免電池正、負極相接造成短路；但是它含有許多離子，是離子的良導體，各種離子可以在電解質中流動，傳遞電荷。

不同的電化學反應會有不同的電極電位。表 11-1 簡單列出幾種電化學反應與相對的電極電位。這些電化學反應都是以還原反應形式列表。若電化學反應由還原反應轉寫成氧化反應，電極電位就需要變號。為了避免混淆，國際標準的電化學反應與其電位都是以還原反應列表。電極電位是電化學反應氧化還原傾向的表示。電極電位越正，表示越容易自然發生，如表 11-1 所示。

$$\text{Li}^+ + e^- \rightarrow \text{Li}, \quad \text{Eo} = -3.045 \text{ V} \tag{11-5}$$

鋰離子還原反應的電位是負值。因此鋰離子不容易還原成鋰金屬。反之，

$$\text{Li} \rightarrow \text{Li}^+ + e^-, \quad \text{Eo} = +3.045 \text{ V} \tag{11-6}$$

鋰金屬氧化成鋰離子的電位是正值，因此該反應會自然發生。這些電極電位都是以氫離子還原($2\text{H}^+ + 2e^- \rightarrow \text{H}_2$)電位為標準，設該反應的電極電位為零。

在電池陽極(負極)與陰極(正極)發生不同的電化學反應，因此陽極電位(ϕ_a)與陰極電位(ϕ_c)會有所不同，產生電位的差異。陰極(正極)與陽極(負極)的電位差($\phi_c - \phi_a$)就是電池的電壓(E_{cell})。

$$E_{cell} = \phi_c - \phi_a \tag{11-7}$$

電池的電壓可以直接用電壓計，或萬用電表的直流電壓模式，跨接在電池正、負極，此時幾乎沒有電流出入電池，電池是在開路情況下，所得讀數就是電池的開路電壓(open circuit voltage，OCV)。這時陰極、陽極的電位各稱為陰極、陽極的平衡電位(equilibrium potential)。

表 11-1　電化學反應與其標準電極電位

電化學反應	電極電位 (V)
$\text{Li}^+_{(aq)} + e^- \rightarrow \text{Li}_{(s)}$	−3.05
$\text{Zn}^{+2}_{(aq)} + 2e^- \rightarrow \text{Zn}_{(s)}$	−0.76
$\text{PbSO}_{4(s)} + 2e^- \rightarrow \text{Pb}_{(s)} + \text{SO}_4^{-2}{}_{(aq)}$	−0.36
$2\text{H}^+_{(aq)} + 2e^- \rightarrow \text{H}_{2(g)}$	0.0
$\text{MnO}_{2(s)} + 4\text{H}^+_{(aq)} + 2e^- \rightarrow \text{Mn}^{+3}_{(aq)} + 2\text{H}_2\text{O}_{(l)}$	0.95
$\text{PbO}_{2(s)} + \text{SO}_4^{-2}{}_{(aq)} + 4\text{H}^+ + 2e^- \rightarrow \text{PbSO}_{4(s)} + 2\text{H}_2\text{O}_{(l)}$	+1.69

11-2　電池電量與能量

電池的電容量(capacity，Q)是電池特性的一個重要參數。它表示一個電池所能釋放出的電量。單位為安培小時或毫安培小時(Ah, mAh)。原理上，它可以由電池中反應物數量，以法拉第定律計算出來。以鉛酸電池為例，電池的正極電化學反應為：

$$PbO_2 + HSO_4^- + 3H^+ + 2e^- \rightarrow PbSO_4 + 2H_2O \tag{11-8}$$

電池的負極電化學反應為：

$$Pb + HSO_4^- \rightarrow PbSO_4 + H^+ + 2e^- \tag{11-9}$$

由式(11-8，11-9)可知 1 莫爾(mole) Pb 與 PbO_2、2 莫爾 H_2SO_4，可以產生 2 莫爾電子的流動。2 莫爾電子的電量等於

$$2 \text{ 莫爾電子電量} = 2\,(\text{莫爾電子}) \times 96500(\text{庫倫 / 莫爾電子})$$
$$= 193{,}000 \text{ 庫倫}$$
$$= 193{,}000 \text{ 庫倫} \times 2.7778 \times 10^{-4} \text{安培小時 / 庫倫}$$
$$= 53.6 \text{ 安培小時(Ah)} \tag{11-10}$$

上式中 1 庫倫 $= 2.7778 \times 10^{-4}$安培小時。

1 莫爾(mole) Pb 與 PbO_2、2 莫爾 H_2SO_4，反應物的總重量是 207 g (Pb) + 239 g (PbO_2) + 196 g (H_2SO_4) = 642 g。因此每公斤的電池反應物可以釋出 83.5 Ah 的電量。由法拉第定律可以計算出的電量，是電池的理論電量。實際電池的電量要比這數字略小，原因是電池在充電過程中有水電解副反應，造成部分電量的損失。

電池的電能量(Electrical Energy)是電池特性的另一個重要參數。它表示一個電池所能釋放出的電能量。單位為瓦小時(Wh)。此外由表 11-1 鉛酸電池的陰、陽極電化學反應電位計算電池的理論開路電壓為 2.05 V (1.69 V − (− 0.36 V))。因此電池可以釋出的電能，理論上，642 g 的反應物可以釋出 171 Wh (2.05 V × 83.5 Ah)的電能量。鉛酸電池的理論能量密度(Wh/kg)為 266 Wh/kg。實際上，鉛酸電池的能量密度約在 20 – 50 Wh/kg，主要原因是電池內有許多不會產生電能的必須配備，例如電池外殼、電解質、電池接頭、集電板等等。

在上述例子，假設陰極與陽極的反應物是以化學計量的比例配製，陰極反應物與陽極反應物在電場放電過程中同時消耗殆盡。有些電池設計中，陽極與陰極反應物的配比常常並不以化學計量比配製。例如乾電池的鋅，它同時作為電池的陽極，也作為電池的外殼。因此鋅在乾電池中是過量，在電池放完電時，仍有過量鋅留下，否則電池會破損漏液。乾電池中，限制放電反應是陰極的活性反應物，二氧化錳(MnO_2)。因此要由電池反應物含量推算電池容量時，要先瞭解限制放電反應的因素，是受到陽極或是陰極反應物限制，或是電解質對反應產物溶解度的限制等等因素。

在實務上測量電池的電量可以用圖 11-2 的簡單裝置測量。電池直接跨接一個電壓計與一個作為負載的固定電阻。紀錄電池電壓隨時間的變化，得到電池放電電壓隨時間的變化如圖 11-3。

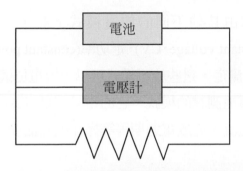

圖 11-2　簡易電池電壓與電量測試方法

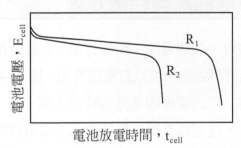

圖 11-3　電池在不同負載(R_1、R_2)下，電池電壓與放電時間的變化

電池放電電壓(E_{cell})隨時間的曲線會因負載電阻而異。由於負載是固定電阻(R_1)，因此由歐姆定律，電池輸出電流(I_{cell})為：

$$I_{cell} = E_{cell} / R_1 \tag{11-11}$$

電池輸出電量(Q_{cell})為：

$$Q_{cell} = \int_0^{t_{cell}} I_{cell} dt = \int_0^{t_{cell}} \frac{E_{cell}}{R_1} dt = \frac{1}{R_1} \int_0^{t_{cell}} E_{cell} dt \qquad (11\text{-}12)$$

因此電池電容量可以由圖 11-3 電池電壓(E_{cell})與放電時間(t)經由式(11-12)計算出。電池所釋放出的電能經由負載以熱能的形式釋出，所用負載電阻必須可以負荷自身產生的熱。功率過小的電阻會在測試過程中焚毀。所用負載電阻的最小功率(P_{cell})可以由下式粗估。

$$P_{cell} = \frac{E_{cell}^2}{R_1} \qquad (11\text{-}13)$$

電池的電容量可以由其他不同的放電模式下測定，例如在定電流(constant current，CC)、定電壓(constant voltage，CV)、定功率(constant power，CP)、定電阻(constant resistance，CR)等等模式測定。這些放電模式可以由恆電位儀(potentiostat)或者是電池充放電儀來設定。不論電池測試的模式，它的電量都是以式(11-12)推算出來。同樣電池的電量會隨著充放電電流、充放電週期等等操作模式而變。

11-3 電池充放電曲線與儲電效率

鋰離子電池、鎳氫電池、鎳鎘電池、鉛酸電池、鈉硫電池、液流電池等等二次電池，電極的電化學反應具有可逆性，可以對電池充電。圖 11-4 是典型的電池充放電曲線。電池在定電流下充電，電池電壓隨著充電時間逐漸上升。在充電初期，電極因為電池內的活性物質被消耗，在電極表面與電極內部或電解質中產生活性物質濃度的差異，或是電極表面形成鈍化膜，電極電壓會快速上升。隨即電極反應達到穩定狀態，電池電壓開始穩定緩慢的上升。在放電末期，電池活性物質消耗殆盡，沒有活性物質可以反應時，定電流充電會使得在電極上發生其它的副反應，電池電壓開始急遽上升。當電池電壓達到充電截止電壓(E_{high})，充電程序便截止。為了確保電池能夠充飽電量，充電時先以定電流充電(CC 模式)。當電池電壓達到截止電壓後，改以定電壓(CV模式)充電直到電流小於特定值後終止。

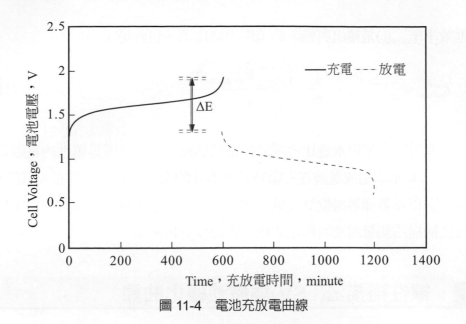

圖 11-4　電池充放電曲線

　　接續電池在定電流下放電，電池電壓隨著放電時間逐漸下降。當電池電壓達到放電截止電壓(E_{low})，放電程式便截止。當電池由充電轉為放電的瞬間，電池電壓會瞬間下降。由電壓下降幅度(ΔE)與充放電電流的瞬間變化($I_{charge} + I_{discharge}$)可以由式(11-14)粗估電池的內阻($R_{internal}$)。

$$R_{internal} = \frac{\Delta E}{I_{charge} + I_{discharge}} \tag{11-14}$$

電池輸出與輸入的總電能量比值就是電池的充放電效率(ε_{total})。可由下式計算出。

$$\varepsilon_{total} = \frac{輸出總電能量}{輸入總電能量} = \frac{\int_0^{t_{discharge}} E_{discharge}\, I_{discharge}\, dt}{\int_0^{t_{charge}} E_{charge}\, I_{charge}\, dt} \tag{11-15}$$

其中 t_{charge} 與 $t_{discharge}$ 分別是充電時間與放電時間。E_{charge} 與 I_{charge} 分別是充電電壓與電流。$E_{discharge}$ 與 $I_{discharge}$ 分別是放電電壓與電流。

　　電流效率($\varepsilon_{current}$)是輸出與輸入的總電量比值，也就是

$$\varepsilon_{current} = \frac{輸出總電量}{輸入總電量} = \frac{\int_0^{t_{discharge}} I_{discharge}\, dt}{\int_0^{t_{charge}} I_{charge}\, dt} \tag{11-16}$$

當電池充放電時在電極上產生副反應，此時電池的電流效率就會低於 1。

電壓效率($\varepsilon_{voltage}$)是輸出與輸入的電壓平均比值，也就是

$$\varepsilon_{voltage} = \frac{輸出平均電壓}{輸入平均電壓} = \frac{\int_0^{t_{discharge}} E_{discharge}\, dt}{\int_0^{t_{charge}} E_{charge}\, dt} \tag{11-17}$$

電池在充電時的電壓永遠比放電時的電壓為高。主要原因是電池內電阻以及各種過電位(over-potential)造成電池在充電時需要額外的電壓才能將電流充入電池，在放電時，電池內阻以及各種過電位造成輸出電壓的損失。電池內阻以及各種過電位可以藉由電壓線性掃描法測量電池的極化曲線，再加以分析出來。

11-4 線性掃描法(LSV)與電池極化曲線

當電池接上不同的負載(電器用品)，電池輸出的電壓(E_{cell})、電流(I_{cell})、功率($P_{cell} = E_{cell} \times I_{cell}$)也會隨著負載不同而變。因此電池輸出電壓與其電流的關係代表該電池在不同負載下的放電特性。這電池輸出電壓與其電流的關係就是所謂的極化曲線(polarization curve)或者是電壓-電流曲線(EI curve)。

電池放電極化曲線可以藉由圖 11-5 的方式，將電池跨接在一個可調式電阻或是電腦控制的電子負載上。電池並聯電壓計，串聯電流計分別測量電池的電壓與電流。電腦控制的電子負載可同時記錄電池電壓與電流，不須外接電壓計與電流計。

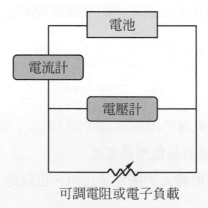

圖 11-5　簡易電池放電時電壓與電流的測試方法

另外也可以用電化學常用的恆電位儀(potentiostat)以控制電壓的方式如圖 11-6 測量電池充放電的極化曲線。恆電位儀有四個主要的電極，感測電極(sensor，S_1)、工作

電極(working electrode，WE)、參考電極(reference electrode，RE)、輔助電極(counter electrode，CE)。它有自動回饋電路，電路控制由輔助電極(CE)與工作電極(WE)之間的電流。這使得感測電極(S_1)與參考電極(RE)之間的電壓吻合使用者的設定電壓。由恆電位儀可以直接控制電壓的正負值，進而改變電流流動的方向，或者電池的充放電。

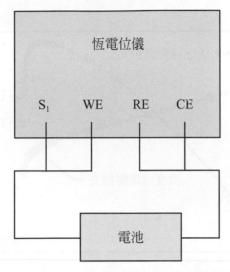

圖 11-6　以恆電位儀測量電池電壓與電流的關係

　　測量電池充電極化曲線時，電壓由開路電壓(OCV)以固定電位掃描速率(s_v)掃描到高電壓如圖 11-7(a)。這方式稱為線性電壓掃描法(linear scanning voltammetry，LSV)。由於要測得電池在穩態的特性，因此電壓掃描速率要盡量緩慢，通常約在 2 mV s^{-1} 左右或更慢的掃描速率。電池的充電、放電可以用恆電位儀改變電位掃描方向與範圍或改變電流流向就可以。測量電池放電極化曲線時，電壓由開路電壓(OCV)以定速(s_v)掃描到低電壓如圖 11-7(b)。另外也可以藉由可程式電源供應器對電池做不同電壓或電流的充電。

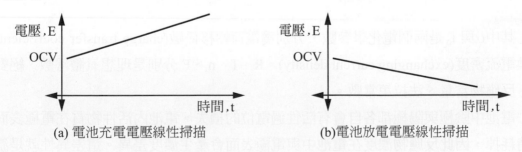

(a) 電池充電電壓線性掃描　　　　　　(b)電池放電電壓線性掃描

圖 11-7　電壓線性掃描法

所測得的電池放電極化曲線如圖 11-8。電池輸出電壓隨著電流的增加而降低。電池放電時，電壓下降的原因主要是電極的活性過電位(η_{act})、電池內阻(η_{ir})、濃差過電位(η_{conc})等等電壓損失。

$$Ecell = E^o_{cell} - \eta_{act} - \eta_{ir} - \eta_{conc} \tag{11-18}$$

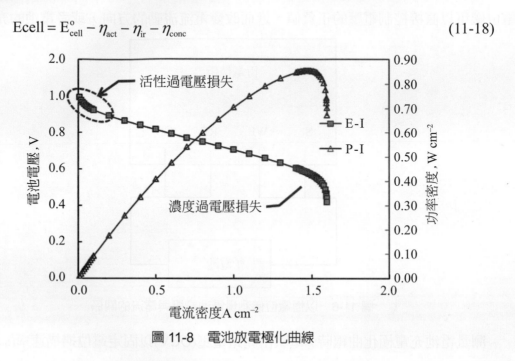

圖 11-8　電池放電極化曲線

電池的活性過電位(activation over-potential，η_{act})是因為電極需要損失一些電壓才會驅動電極表面的電化學反應。這驅動力消耗掉的電壓就是造成電池電壓損失的原因之一。活性過電位與電流密度(i)的關係隨著不同的電化學反應而異。它們的關係可以簡單用式(11-19)表示。

$$\eta_{act} = \frac{RT}{\alpha n_i F} \ln(i_o) + \frac{RT}{\alpha n_i F} \ln(|i|) \tag{11-19}$$

其中α與i_o是兩個電化學參數，分別為電荷轉移係數(charge transfer coefficient)與交換電流密度(exchanging current density)。R、T、n_i、F 分別是理想氣體常數、絕對溫度、反應物當量、法拉第常數。

電池中陰極與陽極都各自會有活性過電位的損失。電池內活性物質在電極表面會被消耗掉，因此反應物濃度在電池中與電極表面會產生濃度差異。這差異性就是濃差過電位(concentration over-potential，η_{conc})，它也會造成電池電壓的損失。式(11-20)表示濃差過電位與電流密度的關係。

$$\eta_{conc} = \frac{RT}{n_i F} \ln\left(\frac{t}{t_{lim} - i}\right) \tag{11-20}$$

其中 i_{lim} 是質傳極限電流密度(mass transfer limiting current density)。這是電池在一定條件下能釋出最大的電流密度,它與濃度差成正比。質傳極限電流密度通常受限於電池活性物質傳輸到電極表面的速度。

電池內阻過電位(η_{ir})是因為電池內的電阻($R_{internal}$)所造成的。它可以分成電解質阻抗、介面阻抗、電極阻抗等三部分。電解質中的離子導電度決定電解質的阻抗。電極與電解液的介面往往會形成一些化合物或鈍化膜,這些化合物或鈍化膜造成電極的介面阻抗。電極阻抗則是指由電極到電池外部的連結或接線等金屬導電度所造成的能量損耗。內阻所造成的過電位依照歐姆定律,它與電流密度成正比。

$$\eta_{ir} = R_{internal}\, i \tag{11-21}$$

上述三種電壓損失的重要程度隨著電流大小而異。這在放電極化曲線,如圖 11-8 上可以看出。在小電流區域中,電池放電電壓會隨著電流的增加而下降,這區域電壓下降主要是由於活性過電壓損失。在極化曲線的大電流區域中,電壓會隨著電流的增加而急遽下降,這區域電壓下降的主因是濃差過電壓損失。電池內阻所造成的電壓損失是隨著電流量的增加而增加,它在整個電流區域都存在。

以線性電壓掃描法(LSV)所測得的極化曲線(或 EI 曲線)代表電池在各種電流下的電壓。可以由這曲線觀察到電池在不同充放電電流下,電池電壓的變化以及影響它的因素(電極活性、電池內阻、電極濃差)。但是要注意到,電池有正、負兩極,圖 11-5 與 11-6 所測得的極化曲線是這兩個電極電位綜合的變化,如(11-22、11-23)式。它包含了陽極活性過電位($\eta_{a,\,act}$)、陽極濃差過電位($\eta_{a,\,conc}$)、陰極活性過電位($\eta_{a,\,act}$)、陽極濃差過電位($\eta_{a,\,conc}$)、以及電池內阻(η_{ir})。極化曲線並不能區分出電池電壓變化是因為正極或是負極電位的變化。

$$E_{cell} = \phi_c - \phi_a \tag{11-22}$$

$$E_{cell} = (\phi_c{}^0 - \eta_{a,\,act} - \eta_{a,\,conc}) - (\phi_a{}^0 - \eta_{a,\,act} - \eta_{a,\,conc}) - \eta_{ir}$$
$$= (E_{cell}{}^0 - \eta_{a,\,act} - \eta_{a,\,conc} + \eta_{a,\,act} + \eta_{a,\,conc} - \eta_{ir} \tag{11-23}$$

在電池充電時，$\eta_{a, act}$、$\eta_{a, conc}$、η_{ir}、均為負值，$\eta_{a, act}$ 與 $\eta_{a, conc}$ 均為正值。在電池放電時，$\eta_{a, act}$、$\eta_{a, conc}$、η_{ir}、均為正值，$\eta_{a, act}$ 與 $\eta_{a, conc}$ 均為負值。

若要分辨電池電壓變化主要是出自哪一個電極，就需要參考電極。如圖 11-9 的接法，將參考電極插入電池陰極與陽極之間。如此恆電位儀所量到的電位變化都是工作電極電位的變化。工作電極可為電池的陰極或陽極。

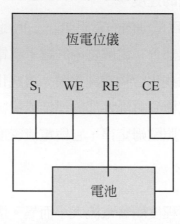

圖 11-9　以恆電位儀測量電池電壓與電流的關係

11-5　循環伏安法(Cyclic Voltammetry，CV)

在電化學上，控制電極電位的方法有三種：電位階躍法(potential step)、線性掃描電壓法(Linear sweep voltammetry，LSV)、循環伏安法(cyclic voltammetry，CV)。電位階躍法是瞬間將電極電位躍升到另一個電位，觀察相對電流的變化。線性掃描電壓法，如第 11-4 節所述，將電極電位以線性方式以定速率逐漸變化電極電位，觀察相對電流的變化。循環伏安法是常被運用在觀察電化學反應的一種技術。在循環伏安法中電極電位以定速線性方式做電位掃描。電極電位在電位上限(E_{max})與電位下限(E_{min})來回循環掃描，如圖 11-10 所示。藉由電位來回的掃瞄，可以觀察到的現象有(a)電雙層充放電(double layer charging/discharging)、(b)吸附/脫附(adsorption/desorption)、(c)電化學氧化還原反應(Faradic redox reaction)等等。它所觀察到的現象屬於電極上各種暫態的變化，因此電位掃描速率常在 20 – 200 mV s^{-1} 的範圍。前述線性掃描電壓法(11-4節)，主要是觀察電池在近乎穩態的變化，因此電位掃描速率常在 2 mV s^{-1} 以下的範圍。

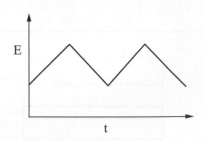

圖 11-10　循環伏安法中電極電位的變化

　　循環伏安法常在未知的電極與電解質中先開始的電化學分析步驟。藉由改變掃描電位上下限(E_{max}、E_{min})，探索電化學反應的電位範圍，或者是電解質安定的電位範圍。藉由波峰電位或波峰電流與電位掃描速率的關係也可以判定在電極上電化學反應的機制。

　　若電極/電解質在所掃描的電位範圍內沒有任何電化學反應或者是離子吸附/脫附現象，循環伏安法唯一偵測到的是在電極/電解質介面電雙層的充放電現象(圖 11-11)。電雙層的充放電現象是發生在電極與電解質的介面上。當電極極性或電荷量產生變化就會引發在電極表面上，電解質中的水分子或者是離子改變排列結構。圖 11-12 是循環伏安法在電雙層充放電現象所偵測到的電壓/電流曲線。電雙層充放電的電流(I_{dl})與電位掃描速率(dE/dt)成正比。比例常數即為介面電容 C_{dl}。因此電流量的大小與介面電容成正比，或者是與電解質的介電常數、電極表面積成正比。

$$I_{dl} = C_{dl} \frac{dE}{dt} \tag{11-24}$$

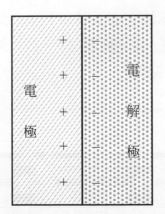

圖 11-11　電極/電解質介面電雙層的充放電現象

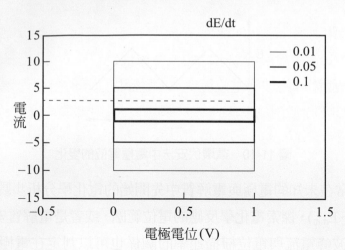

圖 11-12　循環伏安法在電雙層充放電現象所偵測到的電壓/電流曲線

　　循環伏安法在電雙層充放電所得到的電壓/電流曲線是一個矩形。當電極電位向正向掃描時($dE/dt > 0$)，電流(I_{dl})為正值。當電極電位向負向掃描時($dE/dt < 0$)，電流(I_{dl})為負值。電雙層充放電所偵測到的電流(I_{dl})屬於非法拉第電流(non-Faradic current)。因為所偵測到的電流並不是因為電化學反應所造成的。它是在電極/電解質介面電雙層的充放電現象所造成的電流。

　　電極表面的吸附/脫附現象是離子、分子因為電極表面電位的改變而產生在電極表面上吸附/脫附的現象。圖 11-13 是離子或是分子吸附/脫附現象的示意圖。在吸附開始時，如圖 11-13 左，電極活性表面積大，吸附速率隨著電極電位的掃描而加速。原有活性電極表面隨著分子、離子吸附現象的進行而逐漸減少。當活性面積減少到一定程度，圖 11-13 右，吸附速率受限於活性面積而下降。假設電極表面被吸附物佔有的面積分率為θ_{ads} ($0 < \theta_{ads} < 1$)。在一定電極電位下，脫附/吸附達成平衡。在平衡時，θ_{ads}與該物質 i 的活性 a_i^b 有下列的關係。

$$\frac{\theta_{ads}}{\theta_{ads} - 1} = \beta_i \alpha_i^{\;b} \tag{11-25}$$

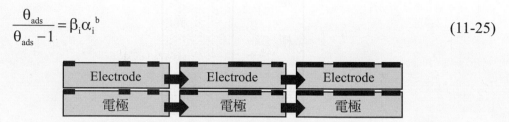

圖 11-13　分子或離子於電極表面吸附/脫附現象

　　圖 11-14 是循環伏安法在分子或離子於電極表面吸附/脫附現象所測得的電流/電壓曲線。波峰呈左右接近對稱的形狀，圖 11-14(a)。若吸附/脫附反應速率遠較電位掃

描速率爲快，該吸附/脫附反應可以視爲是處於平衡狀態，吸附峰與脫附峰成上下對稱的現象，圖 11-14(b)。吸附峰與脫附峰的波峰電位是在同一位置。掃描速率越快，波峰越高。吸附峰與脫附峰的波峰電位恆定，不隨掃描速率的變化而變，如圖 11-14(a)。直到掃描速率快於吸附/脫附的反應速率，吸附峰與脫附峰的尖峰電位開始隨著掃描電位的增加而做相反方向的偏移。由於吸附/脫附反應是電極表面的現象，因此溶液攪拌對這些反應或偵測結果沒有影響。圖 11-14 的曲線不會因溶液的攪拌而變化。

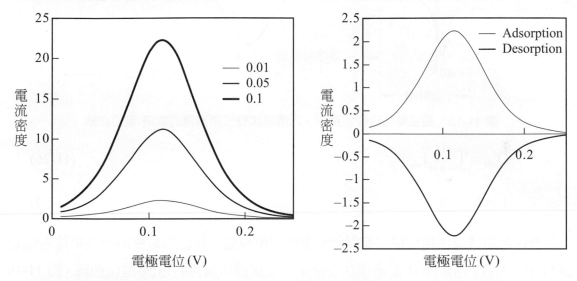

圖 11-14　循環伏安法在分子或離子於電極表面吸附/脫附現象所測得的電流/電壓曲線

　　循環伏安法使用在吸附/脫附反應，最通常的情形是質子交換膜燃料電池(Proton Exchange Membrane Fuel Cell)中電極觸媒表面積的評估。圖 11-15 是鉑金屬在硫酸溶液中，用循環伏安法所測得的電流-電位曲線。在低電位區(0.15 < E < 0.2 V vs. AgCl/Ag)，所觀測到的是水分子的氫原子部分的吸脫附現象(Hydrogen adsorption，圖 11-14 標註黃色部分)。由於鉑金屬金相的不同(100)、(110)、(111)，在氫吸附電位區域中會產生三個波峰。氫脫附(Hydrogen desorption)也有三個相對應的波峰，由於相互重疊，在氫脫附只見到兩個波峰。此外低電位沉積(underpotential deposition)、電極表面膜形成等等的研究也涉及到吸附/脫附反應的循環伏安法。

　　由圖 11-15 氫吸附波峰面積可以直接估算到有效鉑金屬的反應面積。雖然在圖 11-15 所得面積是電流成以電壓(式 11-26)。由於電極電位是以掃描速率(v)做線性的掃描(式 11-27)，因此式 11-26 也可以看做是對時間的積分。積分所得即爲吸附波峰的電量(Q_{ads})。這電量除以氫吸附面積常數 208 $\mu C\ cm^{-2}$ 即可求得觸媒面積。

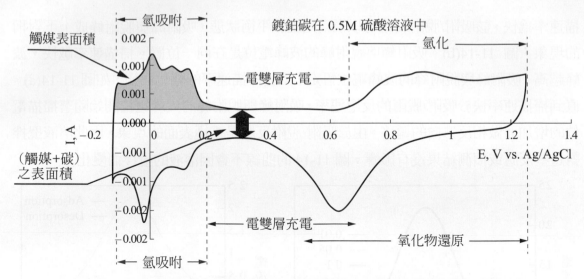

圖 11-15　鉑金屬在硫酸溶液中，用循環伏安法所測得的電流-電位曲線

$$Q_{ads} = \int_{E=-0.15}^{E=0.2} I_{ads} dE \tag{11-26}$$

$$E = E_0' + vt \tag{11-27}$$

　　若在循環伏安法電位掃描範圍內發生電化學反應，則電流-電壓曲線就可能會像是圖 11-16、11-17。圖 11-16 是循環伏安法第一次掃描所測得的電流-電位曲線。圖 11-16 的曲線假設電極反應是可逆反應。因此波峰電位(E_p)是一個定值，不隨著電位掃描速率而變。

$$E_p = E^{0'} + \frac{RT}{nF} \ln\left(\frac{D_r}{D_o}\right)^{1/2} - 1.109 \frac{RT}{nF} \tag{11-28}$$

波峰電流(I_p)隨著電位元掃描速率(v)的平方根成正比。

$$I_p = 0.4463 + \left(\frac{F^3}{RT}\right)^{1/2} n^{3/2} A C_0^* D_0^{1/2} v^{1/2} \tag{11-29}$$

其中 $E^{0'}$ 是標準電位，D_r 與 D_o 分別是還原物(R)與氧化物(O)的擴散係數，R、T、n、F 分別是氣體常數(8.314 J mole^{-1} K^{-1})、絕對溫度(K)、當量(equivalent/mole)、法拉第常數(96500 Coulomb/equivalent)。A、C_0^* 分別是電極面積與活性氧化物濃度。

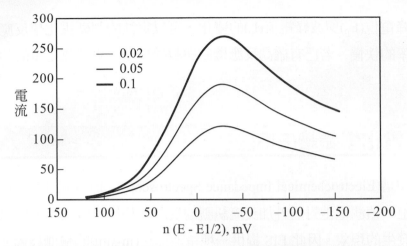

圖 11-16　循環伏安法第一次掃描所測得的電流-電位曲線。假設電極反應是可逆反應

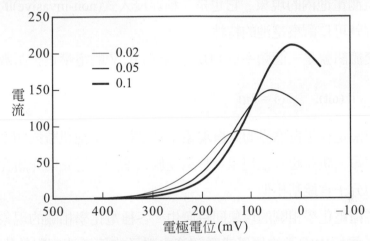

圖 11-17　循環伏安法第一次掃描所測得的電流-電位曲線。假設電極反應是不可逆反應

　　圖 11-17 的曲線假設電極反應是不可逆反應。因此波峰電位(E_p)會隨著電位掃描速率(v)而變。波峰電位(E_p)與掃描速率的關係如下式。

$$E_p = E^{0'} - \frac{RT}{nF}\left[0.78 + \ln\left(\frac{D_o^{1/2}}{k_o}\right) + \ln\left(\frac{\alpha F v}{RT}\right)\right] \tag{11-30}$$

波峰電流(I_p)隨著電位掃描速率(v)的平方根成正比，如下式所示。

$$I_p = 2.99 \times 10^5 \alpha^{1/2} A C_0^* D_0^{1/2} v^{1/2} \tag{11-31}$$

其中 k_o 與 α 分別為電化學反應的反應常數與電化學反應的電荷轉移係數(charge transfer coefficient)。

　　以循環伏安法快速電位的掃描可以搜尋到電化學反應的電位範圍。藉由改變掃描

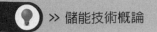

速率觀察波峰電位(E_p)與波峰電流(I_p)的變化，可以定性的判斷電化學反應的可逆程度或者反應速率的快慢。若已有確認反應機制與數學模型，更可以定量的估算反應常數值。

11-6　電化學頻譜(EIS)

電化學頻譜(Electrochemical Impedance Spectroscopy，EIS)是運用外加交流訊號到測試的電池上，偵測電池對這外加交流訊號的反應。利用這輸入與輸出訊號的差異，觀察電池內發生的現象。因此 EIS 提供一種電池即時(in-situ)的檢測技術。它可以在電池操作時同時監測電池內的現象。它也是一種非侵入式(non-invasive)的檢測技術。不需要將電池拆解就可以觀察電池的特性。

通常外加交流訊號是一個頻率為 f Hz，振幅為 E_o V 的電壓正弦函數。如式(11-32)：

$$E = E_o \sin(\omega t), \qquad \omega = 2\pi f \tag{11-32}$$

EIS 分析技術是利用自然界的共振現象，調控輸入電池訊號的頻率，使得電池內的電化學現象與輸入訊號起共振現象，將訊號放大輸出。這如同光譜在不同的波長可以觀察到不同的分子官能基相似。

電池內有各種電化學相關的現象同時發生。各種電化學相關的現象對輸入干擾訊號的反應不同。電極內電子的傳導或電解液內離子的傳導速度對外界的干擾反應最快。在電極表面的電化學反應次之。活性物質在多孔電極內的質傳速率對外界的干擾反應最慢。因此在 100 kHz 以上的高頻範圍，所觀察到的現象以電池電極的導電度與電解液內的離子導電度為主。有時也會觀察到電極與電解液介面的充放電現象。在 100 kH– 10 Hz 的中頻範圍，所觀察到的現象以電池內的電化學反應為主。在 10 Hz – 0.01 Hz 的低頻範圍，所觀察到的現象可能是活性物質的質傳、緩慢的電化學反應。因此利用輸入頻率的調控，可以觀察到不同的電池內不同的電化學現象。

表 11-2 比較前述 LSV、CV 與 EIS 這三種電化學分析技術所監控參數的不同。LSV技術控制電壓做線性的掃描，觀察相對應電流的變化。CV 技術在一定電壓範圍內，電壓做線性往復的掃描，觀察相對應電流的變化。除了觀察電壓電流的變化，改變掃描速率也會影響電壓與電流的關係。EIS 分析技術除了電壓與電流之外，額外的參數

就是掃描頻率。即使在同一頻率下，電壓的不同也會造成輸出訊號的不同。圖 11-18 說明這種情形。當電池電壓高於 OCV 時，電池開始充電。當電池電壓低於 OCV 時，電池開始放電。在這圖中電流的正負號僅表示電流流動的方向是充電或是放電。在低電壓範圍內(OCV 附近)，電池內的電化學反應很慢，電壓與電流關係主要是被電化學反應速率所控制。在高電壓範圍電池內的反應受制於活性物質在多孔電極內的質傳速率。同樣的輸入訊號，會產生不同的輸出訊號。

表 11-2　三種電化學分析技術所監控參數比較

電化學分析技術	電化學參數
線性電壓掃描(LSV)	電壓、電流
循環伏安法(CV)	電壓、電流、電壓掃描速率
電化學阻抗頻譜(EIS)	電壓、電流、掃描頻率

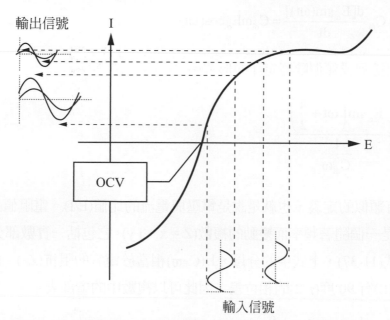

圖 11-18　EIS 技術在不同電壓時，輸入訊號與輸出訊號的差異

　　電池的特性常可以等效的電子電路來描述。電子電路包含電阻、電容、電感，或者是其他電化學相關的元件，例如定相元素(constant phase element)、沃伯格阻抗(warburg impedance)等等。當外加交流訊號(式 11-30)加諸於一電阻(R_{ohm})。此時通過電阻的電流(I_R)為：

$$I_R = \frac{E}{R_{ohm}} = \frac{E_o \sin(\omega t)}{R_{ohm}} \tag{11-33}$$

或者是電阻等於電壓與電流的比值。

$$R_{ohm} = \frac{E}{I_R} \tag{11-34}$$

當外加交流訊號(式 11-32)加諸於一電容(C_{dl})。通過電容的電流(I_C)為：

$$I_C = \frac{dQ}{dt} = \frac{d(C_{dl} \cdot E)}{dt} = C_{dl} \frac{dE}{dt} \tag{11-35}$$

電容所儲存的電量(Q)隨著所施加的電壓(E)成正比。比例常數就是電容量(C_{dl})。將式 (11-32)代入即得：

$$I_C = C_{dl} \frac{d[E_o \sin(\omega t)]}{dt} = C_{dl} \omega E_o \cos(\omega t) \tag{11-36}$$

上式可以重組排列成類似歐姆定律的形式。

$$I_C = \frac{E_o \sin\left(\omega t + \frac{\pi}{2}\right)}{\dfrac{1}{C_{dl}\omega}} \tag{11-37}$$

電阻與阻抗有類似的定義，也就是說是電壓與電流的比值(E/I)。電阻值是一個實數而阻抗值(Z)則是一個隨著頻率而變動的複數(Z = x + j y)。它包括一實數部分(x)與虛數部分(y)。比照式(11-37)，上式中的分母，$1/(C_{dl}\varpi)$相當於電容的阻抗(Z_C)。由於電容的電流(I_C)與電壓(E)有 90 度($\pi/2$)的相位差，因此可以複數中的虛部表示。

$$Z_C = \frac{1}{j\omega C_{dl}} = \frac{j}{\omega C_{dl}} = \frac{E}{I_C} \quad , \quad j = \sqrt{-1} \tag{11-38}$$

若交流訊號外加到一個電阻-電容等效電路上如圖 11-19，在電阻與電容上的電壓降分別為 E_R 與 E_C。

$$E = E_R + E_C = I(R_{ohm} + Z_C) = I \cdot Z \tag{11-39}$$

因此這 R-C 等效電路的總阻抗(Z)等於電阻與電容阻抗的總和。Z 值在複數平面如圖 11-20 上，代表一個實數為 R_{ohm}，虛數為 $(\omega C_{dl})^{-1}$ 的一個定點。

$$Z = R_{ohm} + Z_C = R_{ohm} - \frac{j}{\omega C_{dl}} \tag{11-40}$$

隨著外加頻率的增加，ω值逐漸變大，$(\omega C_{dl})^{-1}$ 值逐漸增大。該一定點沿著虛軸(Y 軸)逐漸上升。

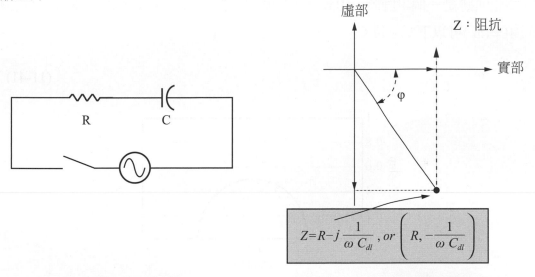

圖 11-19　電阻-電容等效電路　　　　圖 11-20　電阻-電容等效電路的阻抗

在一般電池的 EIS 分析中，最常用到的是圖 11-21 的 R(RC)等效電路。圖 11-21 的 R(RC)電路是模擬電化學現象中最基本的等效電路。其中 Rs 代表電池中電極、電解液的總電阻。並聯 RC 電路可以代表在電極上所進行的電化學反應或者是電極與電解液之間的介面阻抗。有時這些 RC 元素也會被定相元素(constant phase element)或者是沃伯格阻抗(warburg impedance)所取代。

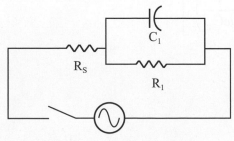

圖 11-21　R(RC)等效電路

　　R(RC)電子電路所表現出的阻抗隨著外間訊號的頻率而變。這變化可以依奈奎斯特圖(Nyquist plot)或者是波德圖(Bode diagram)表示。奈奎斯特圖是以阻抗的虛部($-Z''$)對阻抗的實部(Z')作圖，如圖 11-22 所示。計算假設參數值分別是 $R_s = 1$、$R_1 = 1$、$C_{dl} = 1 \times 10^{-4}$。高頻率時，依式(11-38)，通過 C_1 的阻抗很小，因此交流訊號沿著 R_sC_1 的途徑。低頻時，C_1 的阻抗變得很大，因此交流訊號沿著 R_sR_1 的途徑。隨著外加訊號頻率由高而低，阻抗(Z)在圖中沿著虛線箭號的方向由 R_s 變化到($R_s + R_1$)。阻抗(Z)在該圖的變化軌跡是一個半圓形。由該圖與實軸的交點可以分別求出 R_s 與 R_1 值。在最高點的頻率(ω^*)可以下式求得 C_{dl}：

$$\omega^* = \frac{1}{R_1 C_{dl}} \tag{11-41}$$

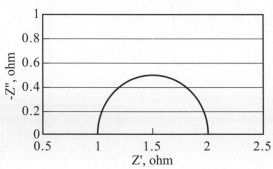

圖 11-22　R(RC)等效電路阻抗的奈奎斯特圖

　　奈奎斯特圖並沒有將阻抗(Z)與外加訊號頻率(f)之間的關係明顯的表現出來。波德圖(Bode diagram)分別就阻抗絕對值($|Z|$)對 log f 作圖與相位角(θ，theta)對 log f 作圖。由波德圖可以看出阻抗絕對值($|Z|$)與相位角(θ，theta)對外加訊號頻率的變化。阻抗絕對值($|Z|$)與相位角(θ，theta)分別可以由下是計算出來。

$$|Z| = \sqrt{\left[R_{ohm}^2 + \left(\frac{1}{\omega C_{dl}} \right)^2 \right]} \tag{11-42}$$

$$\tan\theta = \frac{1}{\omega R_{ohm} C_{dl}} \tag{11-43}$$

由波德圖 11-23(a)，阻抗絕對值 |Z| 對頻率 log f 作圖，可以看出在高頻區域(log f > 4)阻抗絕對值(|Z|)趨近於 R_s。在低頻區域(log f < 2)阻抗絕對值(|Z|)趨近於 R_s+ R_1。由波德圖 11-23(b)，相位角θ對頻率 log f 作圖，可以看出在頻率約在 2,500 Hz 或者是 log f~3.4 的位置，相位角θ達到最大值。這頻率也是|Z|對頻率 log f 作圖曲線中轉折的頻率位置。

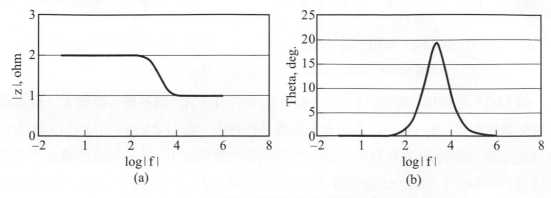

圖 11-23 R(RC)等效電路阻抗的波德圖(Bode diagram)

圖 11-24、11-25 是 R(R_C)電路中 R_s、R_1、C_1 對阻抗頻譜的影響。這些影響分別以奈奎斯特圖與波德圖顯示。這些圖的計算以 $R_s = 1$、$R_1 = 1$、$C_{dl} = 1 \times 10^{-4}$ 為基準。圖 11-24(a)、11-24(b)、11-24(c)中所標示的 R(R_C) −1、R(R_C) −2、R(R_C) −3 分別代表不同的 R_s 值(1、1.5、2)。R_s 值的變化在奈奎斯特圖上造成半圓曲線平移的現象，如圖 11-24(a)。在波德圖中造成|Z|對 log f 曲線垂直的變化，如圖 11-24(b)，在波德圖中造成θ對 log f 曲線波峰值的變化，如圖 11-24(c)。

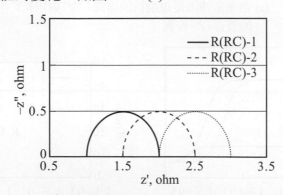

(a) 奈奎斯特圖是以阻抗的虛部(-Z")對阻抗
的實部(Z')作圖

圖 11-24 R(RC)電路中 Rs 值對阻抗頻譜的影響

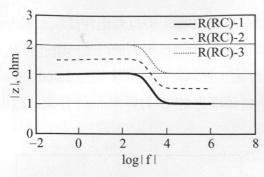 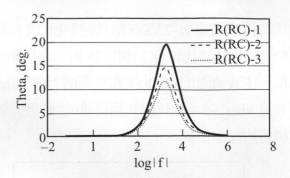

(b) 波德圖阻抗絕對值| Z |對頻率log f作圖　　(c) 波德圖相位角θ對頻率log f作圖

圖 11-24　R(RC)電路中 Rs 值對阻抗頻譜的影響(續)

圖 11-25 是 R(RC)電路以 $R_s = 1$、$R_1 = 1$、$C_{dl} = 1 \times 10^{-4}$ 為基準，改變 R_1、C_1 值對阻抗頻譜的影響。R_s、R_1、C_1 的變化分別標是在圖中。圖 11-25(a)、11-25(b)、11-25(c)分別是(a)奈奎斯特圖-以阻抗的虛部(-Z″)對阻抗的實部(Z′)作圖，(b)波德圖-阻抗絕對值| Z |對頻率 log f 作圖，(c)波德圖-相位角θ對頻率 log f 作圖。圖 11-25(a)可以看出 R_1

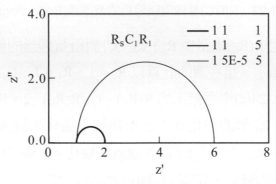

(a) 奈奎斯特圖是以阻抗的虛部(-Z″)對阻抗
　　的實部(Z′)作圖

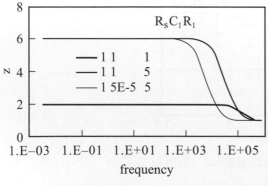

(b) 波德圖阻抗絕對值| Z |對頻率log f作圖　　(c) 波德圖相位角θ對頻率log f作圖

圖 11-25　R(RC)電路中 R1 與 C1 值對阻抗頻譜的影響

值的變化會造成半圓曲線的半徑變化。在高頻區域半圓與實軸的交點不會因為 R_1 或 C_1 值的變化而變。C_1 的變化在奈奎斯特圖上看不出變化，除非是個數據點標示頻率。R_1 或 C_1 的變化，在波德圖上如圖 11-25(b)、(c)就可以看出明顯的變化。

由電化學阻抗頻譜可以即時(in-situ)，非入侵式(non-invasive)的觀察電池內部運作情形。它可以配合 LSV、CV 等電化學分析技術，深入瞭解電池的特性。此外材料分析設備與技術，例如：掃描式電子顯微鏡(Scanning electron microscopy，SEM)、穿透式電子顯微鏡(Transmission Electron Microscopy，TEM)、熱重分析儀(Thermal gradient analysis，TGA)、X-光繞射(X-ray diffraction)等等都可以配合使用，佐證電化學分析技術所觀察到的現象與推論。

1. 請說明電池正、負極與陰、陽極的涵義與差異。

2. 請說明電極電位與電池電壓的涵義與差異。

3. 請計算鉛酸電池中每公克鉛的理論電量與理論能量。

4. 請說明造成電池充放電電壓損失的原因。

5. 請說明電池電量的測量方法。

6. 請說明電化學分析中電位線性掃描法以及它的應用。

7. 請說明電化學分析中循環伏安法以及它的應用。

8. 請說明循環伏安法造成電流峰值得可能原因。

9. 請說明電化學分析中交流阻抗法的原理。

10. 請以一 R(RC)電路說明交流阻抗法的可能結果。

1. Bard, A.J., Faulkner, L.R., "Electrochemical Methods – fundamentals and applications", 2nd Edition, John Wiley & Sons, Inc., 2001

12

CHAPTER

生命週期與成本效益分析

介紹

　　由於再生能源發電和自由電力市場的衝擊，電力系統即將開啟新的轉變。高比例的再生能源使電力供應的可變性和間歇性增加，擾亂傳統電力系統的運行和電網的可靠性。解除電力市場的管制恐導致市場競爭，電力生產商為滿足電力高峰需求而提高建設成本和浮動電價。如此的改變對於電力供應的穩定與安全，帶來技術、經濟和環境方面的挑戰。為避免不經濟的電力生產和尖峰時段的高電價，儲能被視為穩定電力供應的解決方案之一。2013 年國際能源機構(IEA)公佈一份世界能源展望，文中預測歐盟的再生能源占總發電比例將有顯著成長，從 2011 年的 6.9%上升至 2035 年的23.1%。歐盟委員會為實現歐盟在 2020 和 2050 年的能源目標，已認可儲能作為戰略能源技術設置規劃之一。此外，美國能源署(DOE)也確立儲能為電網穩定的解決方案，通過儲能系統計畫(DOE OE/ESSP)以發展儲能的技術和系統。在大多數的儲電技術尚未商用化並達到電網規模的情況下，這些儲電技術的經濟特性仍然模糊不清，尤其對於電源供應商、電網運營商和政策制定者都沒有評估的指標。雖然抽水蓄能和壓縮空氣儲能已為成熟且商用化的技術，仍然不易推廣。研究指出，對於公用事業規模的儲電系統，欲建立可行的商業模式、產業結構和並滿足法規要求，缺乏充分的訊息為其最大阻礙。

2013 年，美國能源部公布廣泛使用儲電技術時面臨的四項挑戰其中之一為成本競爭力的挑戰，可以儲電系統的生命週期成本探討。儲電系統的生命週期成本與其使用案例以及技術經濟指標息息相關，例如每天的充放電循環次數。因此，生命週期成本將以三項熟知的應用來說明分析，包含儲能整體、輸配電支援服務和頻率調變。然而儲電系統的成本數據，在不同的文獻中分散且多變，本文將比較不同儲電技術的成本分析、投資成本、生命週期成本；著重近期文獻的方法、應用工具及可能的限制提供全面的分析。本文架構如下，第 2 節主要探討儲能的重要性；第 3 節則是建立成本分析框架並描述呈現成本數據的方法；第 4 節則從三個主要部分討論，包含成本項目、總投資成本和電儲能系統的生命週期成本，第 5 節為結論並提出未來工作建議。

本文著重於穩定且具經濟規模的儲電系統，這些系統能夠在合理的反應時間下支持電網。間接儲能、智慧電動車、熱儲能以及需求面管理則不在本文範圍。本文將討論下列儲電技術，包括機械式儲能(抽水蓄能、壓縮空氣儲能和飛輪儲能)、二次電池(鉛酸電池、鈉硫電池、鎳鎘電池、鋰離子電池)、液流電池、電磁儲能(電容和超高電容、超導磁儲能)、儲氫技術。[1]

12-2　可調變電力系統之儲能

電力需求在本質上是多變的，包含臨時用電、小時、週和季節性的延遲。傳統上，電力系統需維持足夠的產能來滿足在一年中只發生幾小時的尖峰用電需求。這種方式可能使得電力系統過大、無效率、不利於環境和不符合經濟效益。電儲能為一種在低需求時段儲存電力，並在尖峰時刻運用，以減少建構多餘電容量的替代方案。舉例來說，核能發電佔發電比例高，電儲能系統被用來穩定產出電容量，以避免部分負載作業 (part load operation) 或不期望的停工 (undesirable shutdown)，以提供更具經濟效益的基本負載產出。

不單只是發電，輸電配電系統也會受到尖峰用電的約束。因輸電配電網絡在傳統上是為單向作業設計，電網設計必須超過本身應有的大小來負載尖峰用電。電儲能可降低電網的不穩定性並減少輸電配電網超出負載的危險性。此系統能夠減少電網管理及可靠度服務的巨大花費。

　　電力市場的自由化是另一個電儲能的潛在用途,藉由將低需求時段的電力轉移至尖峰時段的價差獲利。電儲能系統的價格套利的盈利能力取決於即期價格中波動的程度。在平衡市場及其他解除管制的輔助服務使用電儲能系統可能累積獲利,造成更高的經濟吸引力。採取最佳化的充放電的調度策略以及更精準的價格預測,是增加電儲能套利中增加收益的兩個重要參數。

　　全國性和地區性的能源政策皆在於提升再生能源的電力利用,減少碳排放並確保當地的電力供應。再生能源(即風力與太陽能)本質上間歇性的特徵,使得電力系統的最佳化面臨新的挑戰,包含頻率波動、電壓變動以及結合現有電網。傳統發電廠會建置足以滿足尖峰時段的用電需求量而不考慮依賴間歇性再生能源,因此要能夠使用相對高比例的間歇性再生能源,又能有效利用現有輸配電系統,儲電系統是必須的。

　　儲電系統可以以各種方式提升再生能源使用效率。例如儲存額外且無法控制的再生能源發電,使用在指定的時間,藉此減少電容量建置。對於大型風力儲能整合來說,儲電優於其他儲能技術(如熱儲能和氣體儲存),儲電系統能夠緩解波動抑制、低電壓過渡能力和電壓控制支援,使得電力輸出平穩。

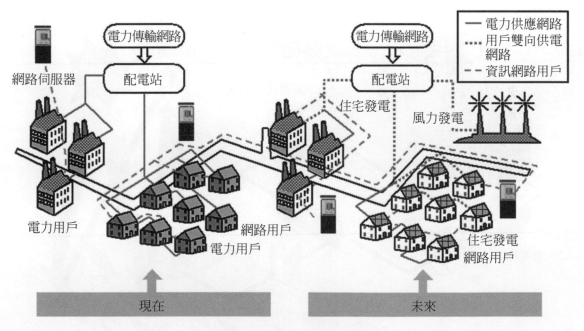

圖 12-1　分散式發電示意圖[2]

在小規模電力供應中(千瓦到百萬瓦)，分散式發電為一種經濟、可靠且有效率的方式。分散式發電不僅迅速處理發電和配電的問題使電力資源彈性化，並且被認為是提升當地再生能源發電比例的安全途徑。電儲能藉由提供可調變電力和可靠度服務，有助於不斷電系統以及在分散且不可調變的電力系統中克服電壓降。儲電系統也促進偏遠地區和微電網整合更多再生能源，使能源安全性提高和降低輻射。在許多智慧電網計劃，儲電被認為是一種有效的解決方案，也是實現永續能源系統的一個重大突破。

儘管在設備層面，用來平穩可調變再生能源電力的技術性解決方案已在開發中，例如控制風能的慣性、螺距角和直流電壓，然而從「系統設計」的觀點，必須用更全面的方案解決問題。確保最佳化電力在於電網流通，措施包含電力系統控制、電網擴展和其他進階的電網管理。為了電力系統的最佳規劃和能源系統的平衡，改善預測產量和消耗量的方法是相當重要的。最佳規劃和控制發電以及使用熱電併合電廠為其他提高電力系統彈性的方式。電熱能源轉換系統是另一個可以捕捉過量電力使用在熱網區域的機制。藉由提供儲能作為連接，將熱網與電網互相連結，整合再生能源發電，亦為有希望的解決方案之一。

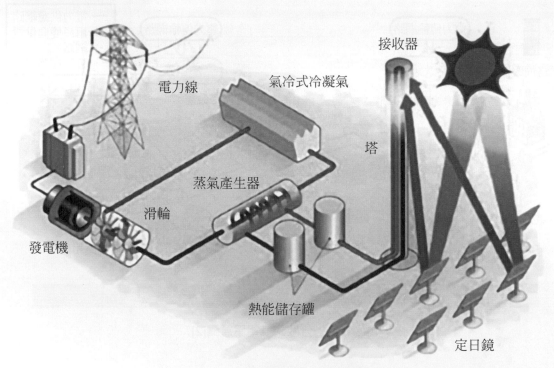

圖 12-2　儲熱發電廠工作示意圖[3]

12-3 **電儲能技術：特點和成本**

12-3-1　綜合討論

一般來說，電儲能技術包括兩個主要部分：電力轉換系統(PCS)和儲能部分。電力轉換系統是用來調整電壓，電流和負載的其他功率特性，由兩個分離的單元組成以進行不同特性的充電和放電。儲能部分被設計用來維持儲存介質，例如抽水蓄能的蓄水池。由於電力轉換系統和儲能單元具有固有的低效率和損失，公式(12-1)為電儲能整體效率定義(AC to AC)，E_{out} 和 E_{in} 分別是輸出和輸入的電能。圖 12-1 闡明代表性的電儲能系統之主要項目和相關損失。

$$\eta_{sys} = \frac{E_{out}}{E_{in}}(kWh / kWh) \tag{12-1}$$

為了比較不同電儲能技術，成本分析的範圍必須相同。電儲能技術的成本分析在文獻中主要有兩種探討：總投資成本(TCC)和生命週期成本(LCC)。

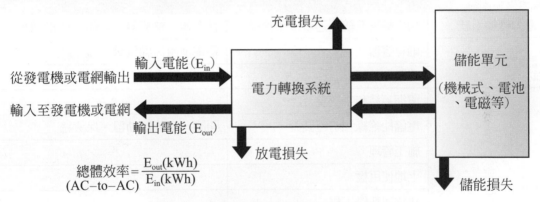

圖 12-3　電儲能系統和能量損失示意圖[1]

12-3-2　電儲能成本分析的方法

一、總投資成本(TCC)

總投資成本評估應涉及購買、安裝以及電儲能傳遞，包含電力轉換系統和儲能相關成本和廠內其他系統。電力轉換系統的成本通常會用每單位電容量(€/kW)來說明；而儲能相關成本則使用每單位時間儲存或傳遞的能量(€/kWh)來說明，包含建設儲能池或水庫的費用。以這種方式，電力轉換系統和儲存裝置各部分的成本可以更明確地分開在總投資成本中估計。舉例來說，抽水蓄能的渦輪機械相關成本可以不用考慮建造水庫的費用。

廠內其他系統成本包含工程、電網連結、系統整合設備、施工管理、土地使用權和其他沒有包含在電力轉換系統和儲能相關之成本。總投資成本的組成摘要於表12-1。

總投資成本可以經由單位輸出額定功率(C_{cap})計算而得，如公式(12-2)。C_{PCS}，C_{BOP}，and C_{stor} 分別代表電力轉換系統、廠內其他系統和儲能部分的成本，h 則代表充放電時間。

$$C_{cap} + C_{PCS} + C_{BOP} + C_{stor} \times h \ (€/kW) \tag{12-2}$$

考慮資產(asset)的放電時間，C_{cap}可替換表示為每單位額定功率或儲存電容的成本(€/kWh)。將電儲能系統的生命週期納入計算，每千瓦每週期的成本更能評估電儲能系統的成本。

表 12-1　電儲能的初始建設成本分析[1]

總投資成本組成	成本組成	舉例／備註
電力轉換系統	功率轉換系統互連纜線和管線	轉換器、整流器、渦輪／幫浦(PHS)
儲能部分	儲存容器	蓄電池組、儲氣罐
	建設和挖掘	山洞、蓄水庫
廠內其他系統	電網連結和系統整合	
	電儲能絕緣和防護裝置	開關、直流制動器、保險絲
	施工管理	
	土地使用權	
	建物與基礎工程	
	暖通空調系統	空調、真空幫浦
	監控和控制系統	電壓和頻率調控
	裝運和安裝成本	其他部分應用

二、生命週期成本(LCC)

生命週期成本是計算和比較不同電儲能系統的重要指標。生命週期成本容納所有涉及固定和變動運作和維護費用(運維)、更換費用、報廢和回收費用。此外，生命週期成本可以表示為每年度平準發電成本(€/kW yr)，也就是每年維持所有電儲能服務所需運作的花費，包括償還貸款及前期投資成本。Schoenung 和 Hassenzahl 提出法訂盈餘(¢/kWh)，可以透過計算一個能源供應者放電所需的單位儲存能量(kWh)，來計算所有操作和所有權成本。

在一些其他研究中，電儲能成本分析排除電價的因素。舉例來說，Poonpun and Jewell 提出通過儲存電能來計算增加成本的方法。首先，從公式(12-3)，生命週期成本計算年度總投資成本以 $C_{cap,a}$ 表示，引入公式(12-4)計算資本回收因子，受隨時間改變(T)的利率(i)影響。

$$C_{cap,a} = TCC \times CRF \ (€/kW\text{-}yr) \tag{12-3}$$

$$CRF = \frac{i(1+i)^T}{(1+i)^T - 1} \tag{12-4}$$

公式(12-5)中，年度總運維成本以 $C_{O\&M,a}$ 表示，可由年度固定運維成本再加上變動運維成本乘上運作週期數(n)和放電時間(h)得到。

$$C_{O\&M,a} = C_{FOM,a} + C_{VOM} \times n \times h \ (€/kW\text{-}yr) \tag{12-5}$$

電價以及壓縮空氣儲能的燃料成本可以納入變動運維成本或是分開討論。每年的放電圈數為成本計算的基本參數，為了納入可更換電儲能系統(如電池)的替換成本，我們必須了解替換成本(C_R)是以每度電所花費歐元表示，而更換週期(t)以年為單位。再給定隨著生命週期增加的更換次數(r)，年度替換成本可由公式(12-6)獲得。

$$C_{R,a} = CRF \times \sum_{k=1}^{r} (1+i)^{-kt} \times \left(\frac{C_R \times h}{\eta_{sys}} \right) \ (€/kW\text{-}yr) \tag{12-6}$$

一個完整循環中，相同放電深度下可給定放電時間(h)和總效率(η_{sys})，所有充放電的損失、自放電和放電深度造成的儲能損失，皆反應在總效率中。文獻中，生命週期分析常忽略報廢和回收成本(C_{DR})，而每年度的報廢和回收成本($C_{DR,a}$)可以藉由利率及電廠生命週期計算，如公式(12-7)。

$$C_{DR,a} = C_{DR} \times \frac{i}{(1+i)^T - 1} \ (€/kW\text{-}yr) \tag{12-7}$$

綜合前述討論之成本項目，得到年度生命週期成本($C_{LCC,a}$)列於公式(12-8)。

$$C_{LCC,a} = C_{cap,a} + C_{O\&M,a} + C_{R,a} + C_{DR,a} \ (€/kW\text{-}yr) \tag{12-8}$$

電儲能系統的每度電均化成本(LCOE)可由公式(9)計算獲得，式中考慮系統之年度作業時間。

$$LCOE = \frac{ALCC}{yearly operating hours} = \frac{C_{LCC,a}}{n \times h} \ (€/kW) \tag{12-9}$$

$$LCOS = LCOE - \frac{price of charging power}{overall efficiency} \ (€/kW) \tag{12-10}$$

於公式(12-10)，淨單位儲能成本為電儲能系統的每度電均化成本扣除發電成本。以此方式，使用電儲能系統之成本計算即可忽視特定市場的電價。

多數文獻中引用的電儲能成本是基於總投資成本，在沒有長期和多數儲能技術實用經驗的概念下，生命週期成本分析不能充分地建立。以大規模儲能來說，生命週期以及新興電池技術之更換成本，隨著供應來源改變。此外，運維成本很大的程度上是依賴不同電儲能系統的運作機制 (例如每天的充放電週期和放電深度)。估計電儲能系統的成本包含不確定性和複雜性，除了一些成熟的技術，大型規模的電儲能系統少，現有廠區的經濟表現沒有廣泛的文獻報導。基於不同時間和電力市場，成本數據相當分散且以不同的方式計算。由於大多數的電儲能技術尚在開發和展示的早期階段，其成本數據不能直接縮放為更大或更小規模。相同的額定功率的儲存尺寸可能不同，對於只僅僅基於額定功率而報導的成本數據，在比較和歸納時，可能導致誤差。此研究收集的成本數據亦伴隨著必要的技術數據，例如，儲存尺寸、效率以及生命週期。不適用於電網規模服務的報導，如小規模電池，則排除在成本分析之外。

12-3-3　方法回顧和成本數據收集

估計電儲能系統的成本包含不確定性和複雜性尺度。除了一些成熟的技術，大型規模的電儲能系統相當稀少，且現有廠區(site)的經濟表現沒有廣泛的文獻報導。基於不同時間和電力市場，成本數據相當分散且以不同的方式計算。由於大多數的電儲能技術尚在開發和展示的早期階段，其成本數據不能直接縮放為更大或更小規模。相同的額定功率的儲存尺寸(storage size)可能不同，對於只僅僅基於額定功率而報導的成本數據，在比較和歸納時，可能導致誤差。在此研究，作者收集的成本數據亦伴隨著必要的技術數據，例如，儲存尺寸、效率以及生命週期。不適用於電網規模服務的報導，如小規模電池，則排除在成本分析之外。各種電儲能系統之成本數值以相對應的技術配置作分組。舉例來說，地下的和地上的壓縮空氣儲能之成本為分開報導。

出版刊物提供電儲能系統的成本估算，包括廣泛的方法和工具。有些書刊提供的成本數據是基於供應商和電廠，有些則是基於文獻回顧和更新不同的資料來源。儘管總投資成本被報導非常頻繁，但有關電儲能系統的生命週期成本的報導則非常有限，以至於計算運維成本和替換成本的樣本稀少。本研究投資成本的數據引用多組參考文獻，基於報導的可信度和估算方法之可靠度，也同時考慮工具、模型、和各文獻的估算過程，設法從中評估不同文獻之成本數據來源。

本研究從各期刊收集不同電儲能系統的成本數據，另外也比較方法、靈敏度分析、不確定性的機率分析，以及未來的成本估算。盡可能避免參考只有引用可用貢獻而沒有加入新資訊的研究。一般來說，估算電儲能牽涉分析和判斷，原則上避開相對不可信的、偏離本體的和過時之成本數據。

 ## 12-3-4 電儲能技術和相關成本

以下就一些常見與具有未來發展潛力的儲能系統做簡單介紹與分析。

一、機械式儲能

1. 抽水蓄能(PHS)

PHS 佔全世界所有發電容量的 3%以及 99%的電儲能容量，擁有超過 125 GW 的裝置容量。PHS 是目前唯一已商用且沒有額外添加燃料的大型儲能系統。PHS 的特點，包括大功率電容(100～2000 MW)，生命週期長，相對長的放電時間和高效率。這樣的特點使得 PHS 比其他大容量儲能更受支持，從每天的能源時移轉換到季節性的儲能。PHS 的職責還延伸至配套服務，例如在渦輪模式(turbine mode)下的頻率調整，以及在幫浦模式(pump mode)下，使用變速幫浦於充電相(charging phase)時，可引入新的性能和彈性。由電力研究所(EPRI)之研究，PHS 的盈利率(profitability)的調查考慮多元服務，包含能源套利(energy arbitrage)、頻率調整和備轉容量和非備轉容量(non-spinning reserve capacity)。

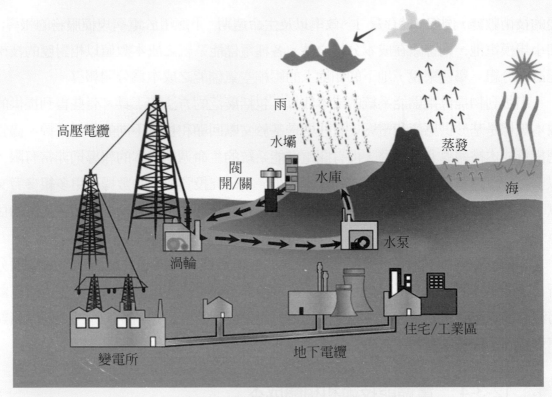

圖 12-4　抽水蓄能電廠示意圖[4]

　　在 90 年代初期，因為環境考量和缺乏適合地點，新 PHS 電廠建設趨緩。儘管如此，因應未來再生能源的發展和自由電力市場，新工程計畫又再次提出。歐盟於 2009 年至 2018 年期間，規劃 7.4 GW 的系統，提升歐洲 PHS 總裝置容量 20%；美國則在 2009 年規劃 30 GW 的系統。雖然有相對低廉的發電成本，PHS 已經證明為資本密集 (capital intensive)。前期所需的資本投資，包含選址、環境衝擊、許可、用地需求、工程意外和長期的抽水蓄能電廠建設。近期的技術進步和新工具，可能使未來尋找適合發展 PHS 的地點較為容易。

　　為解決上述挑戰，某些新 PHS 計畫提出混合創新的解決方案，例如，將抽水蓄能蓄水池作為廢水處理之儲存體、使用浮動活塞地下水充水軸、海底抽水蓄能連接離岸風力發電、和地下抽水蓄能。於 Pickard 研究中，地下抽水蓄能之可行性由技術、經濟及環境觀點檢視，結果指出此系統之總投資成本，挖掘即佔約為 82%。於 2010 年美國通過許可的 PHS 計畫占了 25%的比例至少有一個地下儲存庫。同裝置容量的抽水蓄能電廠和常規水力電廠相比，運作成本幾乎相同，抽水蓄能之建設安裝工程成本則為兩倍。在抽水蓄能發電廠，使用可變速幫浦，使電力轉換系統(PCS)的成本增加 30～40 %。抽水蓄能電廠之主要建設成本列於表 12-2。

表 12-2　抽水蓄能的成本項目[1]

成本項目		
直接成本 [a]	間接成本 [b]	其他成本
土建工程 (儲能部份)	規畫與調查	輸電互連
發電廠	環境研究	基礎架構升級
水壩、溢洪道、分段截流、堤防	執照許可	初充電 (蓄水)
進水口	初步與最終設計	抽水
引水管	品質保證	運作與維護
立軸	施工管理	貨幣時間價值
電力隧道	行政管理	升級
鋼筋隧道		建設期間利息
機電工程 (PCS)		銀行費用
輸電工程		折舊
開關場		

註：a.考慮工程意外成本，電力轉換系統與土建工程約為 25%、地下工程約為 35%。
　　b.間接成本約在總直接成本的 15-30%間變動。

總投資成本取決於廠址的地形和地質特徵，而長期的抽水蓄能工程可能會導致初始成本估算增加。升級抽水蓄能為 1000 百萬瓦的工程成本於 2009 年公告為 810 百萬歐元、隨後於 2014 年修正為 1700 百萬歐元。抽水蓄能的工程意外在 10～15%的範圍，估計成本的正確性在–20%和 25%之間變化。因電力轉換系統部分技術已相當成熟，真實成本和預估的成本沒有明顯的下降。就蓄水池而言，估計成本變化較明顯，從 7.5 € /kWh 到 126 € /kWh。除了廠址的地貌外，儲存成本取決於電廠大小，平均的電力轉換系統的成本為 513 € /kW，儲存成本為 68 € /kWh。

二、壓縮空氣儲能(CAES)

隨著兩座電廠的營運，壓縮空氣儲能是繼抽水蓄能後，第二個經商用證明的大型規模儲能應用。壓縮空氣儲能的配置一種為非絕熱壓縮空氣儲能(D-CAES)，需要膨脹過程再額外添加燃料，另一種則為高階絕熱壓縮空氣儲能(AA-CAES)。就德國的

Huntorf 電廠而言 (額定功率爲 320 百萬瓦)，D-CAES 的總效率大約爲 42%。在美國阿拉巴馬州的 McIntosh 電廠，藉由加入回流換熱器去回收氣體燃燒膨脹過程的廢熱，可提升效率 12%。近期的研究重點主要致力於 AA-CAES，用消除額外添加氣體燃燒的過程，可使效率達到 70%。這個效率增加的過程使 AA-CAES 的成本相對於一般的成本高出 30～40%。

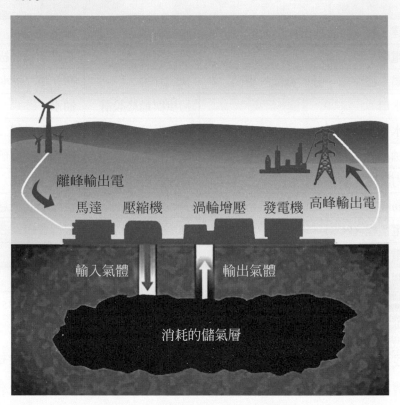

圖 12-5　壓縮空氣儲能示意圖[5]

　　有關於壓縮空氣的儲能元件，地下岩洞、天然蓄水層和枯竭天然氣池，是將容量提升達數百兆瓦 (放電時間 8～26 小時)，最符合成本效益的選項。地上壓縮空氣儲能 (一般爲壓力容器)，容量爲 3～15 百萬瓦 (放電時間 2～4 小時)，和地底型相比，成本較高但工程較易執行。地上 CAES 的能量比爲 0.79～0.81，一般高於地下電廠的能量比 0.68～0.75，因需額外添加燃料。取決於儲存容量，壓縮空氣儲能之額定功率可達 2000 百萬瓦，有著輸入／輸出功率的機動性。壓縮空氣儲能的成本可以合宜地分成兩個部分：儲存和電力相關成本。如果洞穴原本就存在，則儲存相關成本花費不多。電力傳動的成本一般視爲常規的氣渦輪機電廠，包含渦輪、壓縮機和相關配套設備。表

12-3 中，列出地下壓縮空氣電廠之主要投資成本項目的比例，分別以能源相關和電力相關說明。

表 12-3　地下壓縮空氣電廠之成本分析[1]

成本項目	比例(%)
能源相關投資成本	75
岩穴淋溶(Cavern　leaching)	4
建設與設備	10
緩衝氣(cushion gas)	7
電力轉換系統成本 ᵃ	20
壓縮機和相關裝置	13
渦輪機部分	7
廠內其他系統 ᵇ	5
總投資成本 ᶜ(TCC)	100

註：a.假設渦輪機和壓縮機為相同的額定功率
　　b.包含連接器、變壓器、調控與儀器
　　c.假設放電時間為四小時

　　壓縮空氣儲能之生命週期成本，主要決定於額外添加燃料的成本和放射相關之成本(related emission costs)和充電價格。壓縮空氣儲能於不同電力市場的最佳化經濟運作一直被廣泛地研究。壓縮空氣儲能有能力提供不同的服務，包含能源套利、備轉容量和基於電力市場結構的風力整合。壓縮空氣儲能的施工時間一般為三年，可達 95% 可用性和 99 ％可靠度。不過尋找適合的地質為其工程計畫的挑戰之一。儘管傳統的壓縮空氣儲能依賴化石燃料，此問題可以藉由使用高階絕熱壓縮空氣儲能(AA-CAES)，或者以生質瓦斯或氫氣替代化石燃料來解決。

　　既然壓縮空氣儲能的所有設備項目都是已建立的技術，預期在不久的未來不會有顯著的成本降低。第二代壓縮空氣儲能應驗證關鍵組成和控制，和地下壓縮空氣能電廠的地質有關的工程意外應考慮工程計畫及實施，估計為 10%。壓縮空氣儲存的成本於 4 至 48 €/kWh 變動，取決於廠址和電廠規模。部分文獻估計固定運維成本約在 14 €/kW-yr 的範圍，另一部分則估計低於 5 €/kW-yr(3.7 €/kW)。電力轉換系統的平均成本範圍在 845 €/kW，而儲存成本則平均在地上儲存的 40 €/kW 和地下儲存的 110 €/kW 變動。

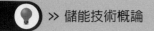

三、飛輪儲能

飛輪用於不同的電動發電設備已有相當長一段時間，例如：用於電動車輛的功率緩衝器。飛輪擁有微秒級快速響應的特性，放電時間也在數秒至數分鐘間，使得飛輪儲能非常適合用於功率相關(power-related)之服務，包含不斷電系統、頻率調整、間歇性再生能源儲存，最常見的應用是作為過度(ride-through)以轉換不同電力來源。在這類的應用中，飛輪儲能比傳統電池更加合適，因為其擁有相對高的能量效率(通常高於85%)、壽命長(超過十五年，可達數十萬次放電)、不受工作溫度和放電深度影響、以及較低的環境衝擊。

飛輪儲能可以擴展至數十兆瓦電網規模的應用，現已有商用化的例子，例如：位於紐約 Stephentown 用於頻率調整的 20 百萬瓦電廠，或是位於挪威 Utsira 的風力氫氣電廠，另外裝置兩百千瓦的飛輪電儲能，每數秒可以儲存 5 千瓦的電能。對於需要全天候使用電源之場合，也適合使用飛輪儲能，例如：資料中心，消除僅幾秒的停電或是橋接備用系統。根據其轉速，可將飛輪儲能區分為低速(小於 6000 rpm)或高速型飛輪，後者為了增加效率，一般採用更先進的材料和機械結構，例如使用磁懸浮軸承替代機械軸承，其成本高於低速型五倍。

圖 12-6　位於紐約 Stephentown 用於頻率調整的 20 百萬瓦飛輪儲能電廠[6]

由於飛輪儲能主要用於功率相關應用，以單位電力成本(€/kW)評估會以單位能量成本(€/kWh)更加準確。飛輪儲能的主要成本項目之分析列於表 12-4，成本會隨著不同的製造商和應用而改變。具體來說，單位儲能成本(LCOS)會隨著放電時間不同而有顯著變化。電力轉換系統約在 300 €/kW 左右，高速型飛輪儲能的置換成本在 85 至 215 €/kW 間(以十年壽命計算)，詳細的成本細節，可參考附錄 A。

表 12-4　飛輪儲能之成本分析(100～300 千瓦)[1]

成本項目	應用	
	不斷電系統 [a]	頻率調整 [b]
總投資成本 [a]	309	1255
設備成本	290	—
安裝成本	19	—
年度生命週期成本(ALCC)(€/kWh-yr)	38	257
軸承置換成本 [c](€/kW-yr)	1～3	—
真空幫浦置換成本 [d](€/kW-yr)	0.7	—
固定運維成本(€/kW-yr)	5	11.6
變動運維成本(€/kWh-yr)	—	10.1
待機消耗成本	0.5	—
補充能源(€/kW-yr)	—	5.7

註：a.不斷電系統成本以 20 年生命週期與 6% 折現率評估

　　b.頻率調整成本以 10 年生命週期、10% 折現率以及 0.2 現值因子評估

　　c.以 5 年置換週期評估

　　d.以 7 年置換週期評估

四、電池儲能

可充電(二次)電池儲能包含廣泛地基於電極和電解質中使用的材料以及運作系統的技術。本節介紹的電池儲能著重於穩定且實用規模的應用，包括一般常用電池 (例如，鉛酸、鈉硫、鎳鎘電池) 和液流電池(例如，全釩氧化還原液流電池、鋅溴電池)。

1. 鉛酸電池

鉛酸電池為電池儲能記載，最古老而廣泛應用的形式。鉛酸電池常用於小型電網、獨立電力系統、電力品質、不斷電系統和備轉容量。有限的生命週期(約 2500 圈)、短放電時間和低能量密度(約 50 Wh/kg)使其不適合用於能源時移(energy time-shift)。不過，大型鉛酸電池有著幾小時的放電時間，例如 California 的 Chino 計畫，電容量為 10 百萬瓦和四小時的放電時間。鉛酸電池結構新進展，使其特

性改良達實用層級應用。高階閥控鉛酸電池裝有碳特性之電極，其生命週期和常規相比，可多達 10 倍以上。

鉛酸電池屬於低成本電儲能系統。雖然鉛價直接影響到最終價格，但根據其結構設計(configuration design)、負載循環，和壽命設計，不同供應商的成本差異很大。此外，電池的溫度應保持在供應商指定限制內(−5 至+40℃)，否則預期壽命會顯著退化，將會導致額外的運行費用。閥控式鉛酸電池之電力相關和廠內其他系統的成本，估算和常規鉛酸電池在相同範圍，但其儲存是成本高出 25～35%。高階鉛酸電池之主要成本項目描述於 12-4-1 節和附錄 A。需要注意的是其成本是適用於大容量能量儲存或輸配電支援服務，放電時間約為四小時。固定運維成本估計範圍在 3.2 至 13€/kW–yr 之間，電力轉換系統成本則是 322～400 €/kW。

2. 鈉硫電池

鈉硫電池自 1987 年由日本碍子株式會社和東京電力株式會社發展。於百萬瓦級規模，電池是最成熟的電化學儲能技術，預計在 2012 年有 606 百萬瓦的裝置容量。鈉硫電池總效率高(75～85%)、生命週期於 2500～4000 圈之間，將近 15 年的使用壽命、且放電時間達七小時，使其可用於電力品質應用和能源時移。

截至 2014 年一月，最大的鈉硫電池工程為 70 百萬瓦(490 百萬瓦小時)，是由義大利輸電系統運營商(TernaS.p.A)向日本碍子株式會社購買。關於上述合約的初始成本，鈉硫電池部分估計為 1430 €/kW (204 €/kWh)，工程意外約為 1～5 %，決定於廠址條件。由於資料來源提供單一廠商，鈉硫電池的成本數據有著相對高的一致性，基於本文所調查的文獻，單位電力轉換及儲存的成本分別為 366 €/kW 和 298 €/kWh，鈉硫電池之主要成本總結於 12-4-1 節及附錄 A。

圖 12-7　日本碍子株式會社所生產的鈉硫電池[7]

3. 鎳鎘電池

從早期 1990 年代，鎳鎘電池為其中最古老的電池儲能技術。鎳鎘電池提供相對高的能量密度(55～75 Wh/kg)、低的維護需求、生命週期為 2000～2500 圈之間。生命週期高度取決於放電深度，在 10%的放電深度下，可達 50,000 圈。鎳鎘電池已用於各式應用，從電力品質到通訊及手提裝置的緊急儲備電源。世界最大鎳鎘電池，也是美國最大的電池儲能系統在 2003 年啟用於 Fairbanks, Alaska，額定功率為 27 百萬瓦(15 分鐘放電時間)，可提升至 40 百萬瓦(7 分鐘)。鎳鎘電池最主要的缺點為相對高的建設成本 (見 12-4-1 節及附錄 A)，以及重金屬(鎳、鎘)廢棄物處理。此外，因記憶效應而導致過充，且相對低的效率也是使鎳鎘電池在未來發展的阻礙。

4. 鋰離子電池

第一個商業化的鋰離子電池生產於 1990 年代初期。原先目標用於可攜式應用，但也用於電網規模、固定式應用。高能量密度、壽命長、相對高的效率使其備受矚目，相關研究蓬勃發展。最大的鋰離子電儲能服務於 Laurel Mountain Wind Farm, in Moraine, Ohio 由 AES Energy Storage 供應。此工程提供額定功率為 32 百萬瓦(8 百萬瓦時儲存)，目標在於提升風力發電廠提供電力服務的能力，及 PJM 電力市場的穩定性。一般來說，藉由最佳化製造成本，延長壽命，使用新材料和提升安全性，使最終價格下降且性能改進，讓鋰離子電池在未來相當具有希望。據估計，於 2015 年，鋰離子電池市場上容量將達 35GWh，提供頻率調整及電力品質服務。成本分析的結果顯示，電力轉換的花費為 463 € /kW，包含廠內其他系統成本，平均為 80 € /kW。(見 12-4-1 節及附錄 A)

圖 12-8 TESLA 世界最大電池工廠 Tesla gigafactory[8]

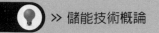

5. 液流電池

不同於傳統電池儲能，液流電池將能量儲存在電解液中，因此，功率和能量的功率額定值可以獨立設計－能量電容量可以由儲存在外部儲存槽之電解液數量來決定，而功率額定值則由電池隔間的活性面積來設計，這使得液流電池可保持高速率的放電時間高達十小時，同時適合應用於能量或功率應用。全釩氧化還原液流電池 (簡稱全釩液流電池) 因為能量密度相對較低(10～75 Wh/kg)，有限的工作溫度(10～35℃) 且昂貴的投資成本，尚未商業化用於電網應用。然而，因其在放電時間、功率額定值、能量電容量的靈活性，使得研究仍在積極進行中。目前已報導最大的全釩液流電池位於日本大阪(Sumitomo's Densetsu Office)，規模為 3 百萬瓦 (放電時間 16 分鐘) 用於調峰。

圖 12-9　日本大阪全釩液流電池[9]

全釩液流電池成本項目之分析列於表 12-5，顯示出電力轉換系統和儲存成本比例相當。對於百萬瓦規模應用，製程和工程意外可能導致總投資成本增加，分別為 5～8%和 10～15%。然而，和傳統電池相比，液流電池和尺度大小較無關聯。新型結構和材料的研發吸引大量的關注，並在降低成本和性質提升上扮演關鍵角色。深共熔溶劑在可行性和經濟特徵上可與離子液體相比，深共熔溶劑的成本較高，但對環境友善並可被生物分解，提供一個對環境衝擊小且可廣泛使用的原料。

表 12-5　簡易全釩液流電池之成本分析[1]

成本項目	比例 (%)
總儲存成本	**45**
V_2O_5 (溶質)	28
電解液製造	10
電池箱	7
電力轉換系統成本	**55**
活性碳電極	7
兩極集電器	2
框架與相關元件	18
離子交換膜	2
電解液儲存槽 (x2)	8
幫浦 (x2)	7
控制系統	11
總內部投資成本	**100**

　　全釩液流電池的電力轉換系統成本 424～527 €/kW 之間，不同形式的液流電池列於附錄 A，包含鋅溴液流電池、鐵鉻液流電池和多硫化鈉溴液流電池(PSB)。在大規模應用和長放電時間(七小時)下，液流電池與其他電池相比成本較低。同時，和鉛酸電池、飛輪和超高電容器相比，液流電池具有最小的碳當量排放。

五、電磁儲能

1. 電容和超高電容

　　電容器是最直接儲存電力的方式，反應快速提供數以萬計的生命週期且效率非常高。因傳統電容器的能量密度低，故主要研究重點在於超高電容器(supercapacitor energy storage，SCES)，即電雙層電容器與擬電容器。超高電容的儲存時間短、能量密度低且高自放電損耗為其主要缺點，主要應用於電力品質服務，包括過渡(ride-through)與橋接(bridging)。對材料的研究正在進行中，例如，奈米結構材料可以提升超高電容器於電網應用。據報導，投資成本在 1100～500 €/kW 之間。在海流能系統中，特別是單一發電廠，超高電容器也是很好的替代方案，來平整因膨脹效應造成的短期高頻率波動。

2. 超導磁儲能

超導磁儲能系統將能量以純粹電力的形式儲存於磁場中，可瞬間將電放出。超導磁儲能的能量儲存效率可達 97%、數毫秒的響應速度以及長生命週期(100,000圈)。這些特性使得超導磁儲能系統有能力提供電力品質服務，並於電壓下降和瞬間斷電期間傳遞能量(carryover energy)，以及頻率調整。典型的功率額定值在千瓦到數百萬瓦之間，仍在提升中。

高昂的投資成本與強磁場相關的環境因素，是使用超導磁儲能最大的挑戰。電力品質應用之投資成本範圍在 150～250 €/kW 之間，若假設三十年生命週期且電網穩定服務，一百兆瓦規模之超導磁儲能，其生命週期成本大約為 1500 €/kW。文獻指出，當儲存容量從千瓦增加到百萬瓦規模時，超導體的成本可能減少 85%。

圖 12-10　世界上最大的超導磁能儲存系統(位於日本龜山市)[10]

六、Power to gas 儲能技術

我們可以預期，隨著間歇性再生能源佔電力系統的比例上升，對長期電儲能系統的需求將更加迫切。以氫氣或合成甲烷形式的儲氣系統有著高能量密度和在長期儲存下的邊際損失之特性。而儲氣系統也和現有的天然氣儲存和配送的基礎設施以及轉換技術相容，在消費端，可以用不同類型的形式輸送，例如電力、熱、或運輸燃料。原則上，氫可以從水中產生，然後通過與二氧化碳反應進一步轉化為合成甲烷。圖 12-2 為電-氣轉換(Power to gas conversion)、儲能，以及儲氣系統的能源最終利用方式之示意圖。儲氣系統提供整合碳捕存(CSS)和電力系統的可能性。此外，除了基於電解作用的電-氣轉換系統，沼氣的生產和儲存被視為不僅可以增加電力系統的彈性也可以增加生物能源比例的措施。

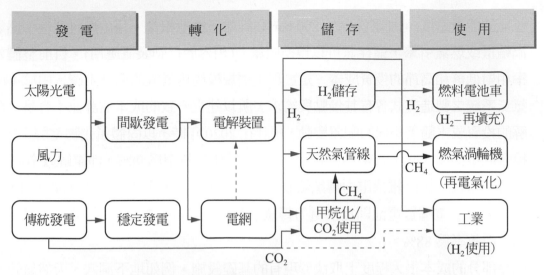

圖 12-11 不同途徑之電轉氣能量儲存、轉化和最終使用示意圖[1]

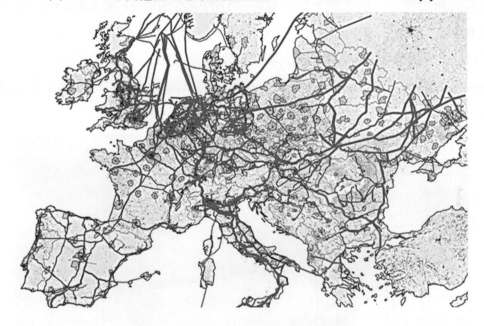

圖 12-12 歐洲天然氣管線分布圖[11]

1. 儲氫

氫能儲存是生產、儲存,並重新電氣化氫氣的過程。氫氣通常經由電解產生然後儲存在地下洞穴、儲存槽,和天然氣管道。氫氣可以儲存成許多形式,例如加壓氣體、低溫槽的液化氫、金屬氫化物或化合物中。在不影響現有天然氣網路的狀況下,可額外儲存 5% 氫氣,以此種方式,能量以較高電容量輸送 (比高壓電輸送高四倍),而傳輸損耗較低 (氣體管路損耗 1%,高壓電輸送損耗 4%)。

氫氣的能量密度(可加壓儲存於 200 bar)和鋰離子電池相當。藉由燃料電池、燃氣渦輪機或燃氣引擎，儲存氫可以轉換回電力(相容於行動裝置應用)。目前整體效率相對低落和高昂的投資成本，是實現電網規模應用最大的兩個阻礙。由於不同氫氣系統之製造方式各有其優點與需求，所以建立一致的成本估計並不容易。電解的投資成本隨著不同的配置變動，預計在 2020 年時，以固體氧化物電解工廠，投資成本約為 590 €/kW，這類電廠之電力轉氫氣效率為 98%，淨電解效率為 83%。對於鹼性電解，維持電力轉氫氣效率 43～66% 之間，投資成本為 1400 €/kW。固體高分子電解質電池則提供電力轉氫氣效率在 68～72% 之間，又因過程產生熱，淨效率為 88%。

儲存部分的成本很大程度上取決於現有的基礎設施，例如地下洞穴、天然氣管道或建設新設施。一般來說，地上儲存部分的成本約為 11 €/kWh，而地下洞穴則在 0.002～0.41 €/kWh 之間。表 12-6 為洞穴儲存空氣和儲氫的成本比較(以每單位輸送的能量相比)。文獻指出，與壓縮空氣儲能相比，氫能電廠有較高的運維費而較低的投資成本(於 500 kWh 儲存規模，儲氫為 2.97 M€，壓縮空氣儲能為 5.5 M€)。

圖 12-13　位於美國加州的加氫站[12]

表 12-6　儲存空氣 (CAES) 和儲氫於不同地層形式之儲存成本比較[1]

洞穴地層形式	儲存空氣 (€/kWh)	儲氫(€/kWh)
天然多孔岩層(自枯竭天然氣或油井)	0.10	0.002
溶液開採鹽穴	1.01	0.02
乾式開採鹽穴	9.71	0.14
廢棄石灰岩或煤礦	9.71	0.14
由不透水的岩層開挖岩洞	29.55	0.41

2.　甲烷合成和儲存

氫氣可以進一步透過與二氧化碳轉化成甲烷，提升了儲存的穩定性和能量密度。利用現有的天然氣基礎設施，可以方便地儲存、傳送和轉化合成甲烷回能源使用形式。以現今技術來說，生產甲烷的過程有將近 18～25%的損耗，而氫氣合成甲烷的成本約為 1000 €/kW。

七、其他電儲能技術

其他仍在研究開發中的電儲能系統，因為缺乏成本和功能的資訊，所以不在此研究範圍內，包含奈米超高電容、氫溴液流電池、新型鋰離子電池、新型重力式機械儲能。為提供成本和相應技術數據間之一致性，本研究採用相同的參考文獻，對電儲能系統的成本數據和技術特點進行調查，附錄 B 列出重要且對成本分析有影響的技術特點。

12-4　結果與討論

 ### 12-4-1　個別成本項目回顧結果

本章節提供電儲能主要個別成本的比較，此比較的目的不在於對 ESS 系統相關成本作排序，而是讓讀者了解不同技術的成本多寡和成本變化。

通過統計方法以解決成本估計的可變性和差異，算出最可能的大小。由於數據有限和相對高的差異，如果利用參量的方法，例如機率密度函數可能帶來較顯著的參數假設和被離群值影響不具代表性的異常值，結果通常顯示來自常態分佈的誤差以及數據偏向每個範圍的近端。因此，五點描述法(無母數)被用來報告本結果。平均值在每個範圍的中位數和四分位數間距(IQR)，或所謂的 middle-fifty 範圍，表示報告包含成本數據的 50%。透過這種方式,平均值不受離群值影響,離群值小於三倍 IQR 減去第一個四分位數或高於第三個四分位數。

不同電儲能技術的電力轉換系統成本可以在圖 12-14 中比較。每項電儲能系統的功率額定範圍詳列在附件 B,而更多不同技術成本對照表詳列在附件 A。結果顯示,文獻中某些電池技術中(零排放技術)在電力轉換系統成本有相當大的可變性。更重要地是,已商業且成熟的技術的成本(如抽水蓄能和壓縮空氣儲能)也稍微和已出版的刊物不一致。

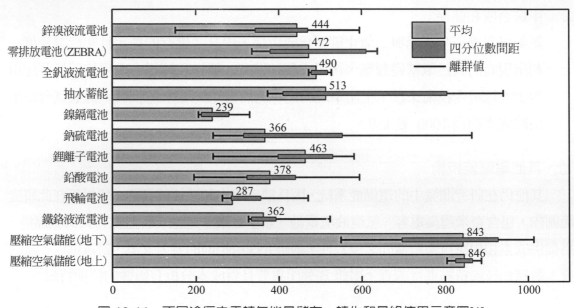

圖 12-14　不同途徑之電轉氣能量儲存、轉化和最終使用示意圖[1]

圖 12-15 舉例說明,百萬瓦尺度之能源相關電儲能技術的儲存成本。不同放電時間的電儲能系統,從計算而得之單位成本應於比較時列入考慮。此結果是根據各種技術的典型尺寸所報導,例如,抽水蓄能的八小時和鈉硫電池六至七小時。關於各種電儲能系統放電時間的更多細節,請見附件 B。

此結果顯示在電池技術中,儲存部分的預估成本有相對高的變化性。這些額外的成本甚至主導了不同技術的價格差異。然而,對機械式電儲能系統而言,儲存成本的變化性是相當低的,因此採用最低價的地下壓縮空氣儲能(40 €/kWh)。

雖然抽水蓄能之蓄水池和地下壓縮空氣儲能的成本高度取決於廠區的地形和地質情況,其成本的不確定性卻仍比電池更低。此可歸因於在實用層級的大尺規電池中,製造和發展的經驗有限,導致這些技術的成本數據零散以及不協調。

　　鐵鉻電池則是一則例外，可能因為從單一可用來源獲得成本數據，其擁有更協調結果。而對於電儲能技術用於功率相關(power-related)的應用之成本，即飛輪、超高電容儲能和超導磁儲能並未在圖 12-15 中比較。

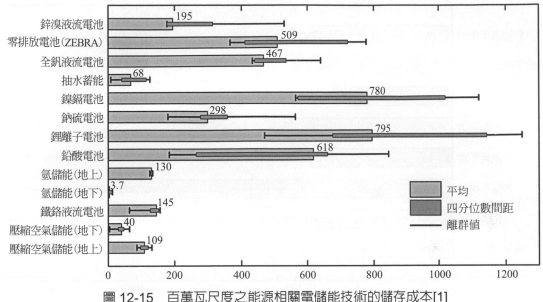

圖 12-15　百萬瓦尺度之能源相關電儲能技術的儲存成本[1]

　　圖 12-16 說明電儲能系統的固定運維成本，大多是能量相關(energy-related)和輸配電支援應用的成本。由於這類應用需要整天的工作，要求更頻繁的充放電使得成本可能比其他應用更高，例如：頻率調整服務。更詳項的數據與變動運維成本列於附錄 A。

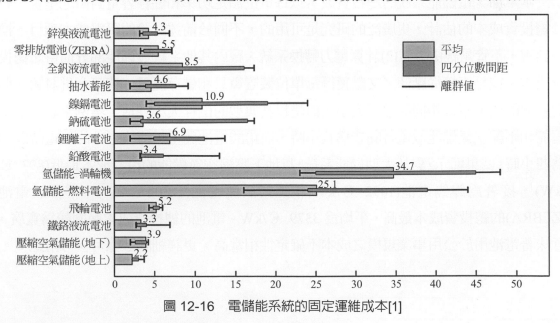

圖 12-16　電儲能系統的固定運維成本[1]

圖 12-17 比較各種電池的置換成本，必須注意每種電池的置換時間並不同，例如：比較零排放電池和鋅溴液流電池的置換成本，前者平均為 182 €/kW，低於後者 195 €/kW，但置換時間分別為 8 年和 15 年。

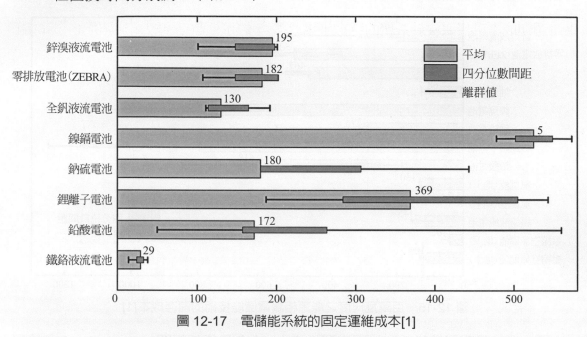

圖 12-17　電儲能系統的固定運維成本[1]

12-4-2　電儲能系統的總投資成本

本章節，電儲能系統的總投資成本以每單位額定功率和儲存容量對照地呈現。對於總投資成本的估計，更廣泛的研究是可用的，不同於前述討論的隔離成本項目。換句話說，不管是經由公式(2)計算電力轉換系統、廠內其他系統與儲能部分而得之總投資成本，或是直接從廠商／文獻獲得每單位裝置電量和儲存能量，皆可合併討論。個別系統的成本不以相同的儲存大小，而是以其典型的儲存大小評估，舉例來說，抽水蓄能和壓縮空氣儲能放電時間皆為八小時，而鉛酸電池與全釩液流電池的放電時間則為四小時。結果顯示，對於大型儲能系統，以地下壓縮空氣儲能的投資成本最低(893 €/kW)，接著為鎳鎘電池(1092 €/kW)和鐵鉻液流電池(1130 €/kW)。零排放電池(ZEBRA)的總投資成本最高，平均為 3379 €/kW。電池的總投資成本範圍較為寬廣，意味著電池用於公用事業規模之成本不確定性相當高，更詳細的數據可參考附錄 C。

12-4-3　電儲能系統的生命週期成本和不確定性分析

　　電儲能系統的生命週期成本可以由在生命週期成本(LCC)小節提出的框架決定，包含固定和變動運作和維護費用(運維)、更換費用、報廢和回收費用。電儲能系統的生命週期成本直接取決於系統的特徵(例如：每年的週期數)、電力市場(例如：利率和電價)以及技術特點(例如：電池的充放電機制和更換週期)。電儲能系統的生命週期成本可以由多種不同的方法表示，包括成本項目對應的淨現值，平準發電成本(LCOE)或單位儲能成本(LCOS)。生命週期成本分析進行了三個主要應用：大型儲能、輸配電支援、和頻率調變。這樣一來，除了以本研究所述框架和成本數據作為例子，在電儲能系統的生命週期成本分析中不確定性的影響也被研究。三個應用類別的主要特性總結於表 12-7，經濟假設於表 12-8。

表 12-7　三種電儲能系統常見應用的主要特性[1]

應用形式	應用案例	額定功率 (百萬瓦)	響應時間	放電時間 (小時)	每年週期	壽命	電儲能系統
長持續時間	大型儲能、能源套利	+10	min	4～8	250～300	20	抽水蓄能、壓縮空氣儲能、鉛酸電池、鈉硫電池、鎳鎘電池、全釩液流電池、鐵鉻液流電池
中持續時間	備轉容量、輸配電	1～10	s·min	0.5～2	300～400	15	壓縮空氣儲能(地下)、鉛酸電池、鈉硫電池、零排放電池、鋰離子電池、全釩液流電池、鋅溴液流電池、鐵鉻液流電池、鎳鎘電池、氫能
短持續時間	頻率調整、再生能源整合、電力品質	0.1～2	ms·s	< 0.25	+1000	10	飛輪儲能、鉛酸電池、鋰離子電池

表 12-8　分析電儲能系統生命週期的經濟參數與假設[1]

參數	數值
平均年度通貨膨脹率 [a]	2.5%
折現率	8%
電價 [b]	50 €/MWh
電價增長率 [c]	0%
燃料價格(天然氣) [d]	20-25 €/MWh
燃料價格增長率	0%
碳排放費用	8-22 €/噸 CO_2

註：a.2003-2013 年間之歐盟平均通貨膨脹率
　　b.平均歐盟電價
　　c.假設值
　　d.2007-2012 年間之歐盟燃料價格

12-5　結論

　　藉由對現有文獻的廣泛探討，不同電網規模的電儲能技術在考慮成本不確定性和工程參數下進行分析。結果顯示，在不同引用之間，成本評估和電儲能系統規劃相當不一致和分散。成本評估決定於假設和約略計算大多數電池系統的狀況，因而降低了不同來源數據之間的一致性。大多數的 EES 系統尚在商業化的形成階段和工廠主要位於特定位置導致成本數據更不一致性，因此一個健全的生命週期成本分析應該考慮不確定性。

　　首先個別分析電儲能系統的成本項目。電力轉換系統以壓縮空氣儲能成本最高(845 €/kW)，而鎳鎘電池提供最小的電力介面成本(240 €/kW)。然而電化學電池表現出較高的儲存空間成本(鋰離子電池達 800 €/kW)。儲氫和地下壓縮空氣儲能成本最低，分別為 4 和 40 €/kWh。不同電儲能技術的詳細儲能成本項目列於附錄 A。

　　在總投資成本方面，在電力品質應用下，最便宜的選項為超高電容儲能(SCES)和超導磁能儲能(SMES)，而地下壓縮空氣儲能則提供大型儲能最經濟的選擇。然而對於小規模應用，這些電磁 EES 系統的成本數據是較為限制的。基於儲氫的總投資成本指出渦輪機(1570 €/kW)和燃料電池系統(3240 €/kW)之間有大的差異，不同電儲能技術的總投資成本在附錄C有更多數據。在生命週期成本的計算中，不確定性的影響是不同的，並且在大多數計算的情況下，會影響 5～17%的結果。結果顯示，機械儲能系統，即 PHS 和 CAES，仍是大型儲能最具成本效益的選擇，對於 PHS 和 CAES 充電成本大約增加 54 和 71 €/MWh。該計畫的環境許可費用和緊急意外事件可能造成成本的上升，此外，如果燃料和排放的成本不能始終如一地建立應用的生命週期，壓縮空氣儲能(CAES)的生命週期成本不確定性可能會提升。

在商用電池之中，鈉硫電池在能源套利和輸電配電支持應用皆提供相對低的生命週期成本。然而，電池成本的不確定性相當廣泛，甚至比不同技術之間的成本差異更大。因此，最佳化的選擇應基於其他技術和具體項目的特性。因為替換成本包含電池生命週期成本的主要以及獨特的部分，基於服務要求和充放電機制下的考慮，必須定義可創造最高收益的最佳生命週期數。飛輪提供的電力品質和頻率調節應用(放電時間為數分鐘)最具成本效益的選擇。具有相對低效率的儲氫和其他電儲能系統表現出較高的電價靈敏度，表示要進入商業競爭需要投資更多的研究和開發。

這份研究藉由成本利益分析整合不同的電儲能系統，對未來相關研究提供了一個里程碑。該分析可以透過未來更多示範廠的實現來改善，並建立不同階段的生命週期成本。考慮電池更多的生命週期成本參數可以改善結果的實用性，例如充放電和生命週期的相依性或基於服務壽命的最佳化生命週期數。

Abbreviations 縮寫

AA-CAES：Advanced adiabatic compressed air energy storage 高階絕熱壓縮空氣儲能

ALCC：Annualized life cycle costs 年度生命週期成本

BES：Battery energy storage 電池儲能

BOP：balance of plant 廠內其他系統

CAES：Compressed air energy storage 壓縮空氣儲能

CRF：Capital recovery factor 資本回收因子

D-CAES：Diabetic compressed air energy storage 非絕熱壓縮空氣儲能

DG：Distributed generation 分散式發電

DOE：The US Department of Energy

DoD：Depth of discharge 放電深度

EES：Electrical energy storage 電儲能

FC：Fuel cell 燃料電池

GT：Gas turbine 氣渦輪機

IQR：Interquartile range 四分位數間距

LCC：Life cycle costs 生命週期成本

LCOE：Levelized cost of electricity 單位發電成本、每度電均化成本、平準發電成本

LCOS：levelized cost of storage 單位儲能成本

NaS：sodium–sulfur (battery) 鈉硫電池

Ni–Cd：nickel–cadmium (battery) 鎳鎘電池

O&M：operation and maintenance 運作與維護

PCS：power conversion system 電力轉換系統

PEM：polymer electrolyte membrane 聚合物電解質薄膜

PHS：pumped hydroelectricity storage 抽水蓄能

PSB：Polysulfide–bromide (battery)

RES：renewable energy source 再生能源

RES-E：Electricity from renewable energy source

SCES：supercapacitor energy storage 超高電容儲能

SMES：superconducting magnetic energy storage 超導磁儲能

T&D：transmission and distribution 輸電配電

TCC：total capital costs 總設廠成本、總投資成本

TSO：transmission system operator 輸電系統運營商

UPS：uninterruptible power supply 不斷電系統

VRFB：vanadium-redox flow battery 釩還原液流電池

VRLA：valve-regulated lead–acid (battery) 閥控式鉛酸電池

ZEBRA：zero emission battery (NaNiCl$_2$ battery) 零排放電池

練習題

1. 常用的電池儲能方法有哪些？何者成本較低？

2. 何謂液流電池？有什麼特點？

3. 電儲能技術包括哪兩個主要部分？

4. 電儲能技術的成本分析，主要可分為哪兩種成本？

5. 為何抽水蓄能(PHS)佔全球 99%的電儲能容量，其有何特點？

6. 氫氣轉換成電力其能量密度和鋰離子電池相同，屬於高能量密度，但於電網規模應用仍須突破，主要有哪兩個最大阻礙？

7. 鋰離子電池相較其他電池儲能，有何優點使其受矚目與蓬勃發展研究？

8. 飛輪超導磁儲能將能量以純粹電力形式儲存於磁場中，有何優點使其具良好提供電力品質和頻率調節應用能力？

9. 何者儲能方式應用於大型儲能系統投資成本最低、最具成本效益？

10. 各種儲能系統成本比較，哪兩者電儲能系統的儲能成本最低？

參考文獻

1. Behnam, Z and Sanna, S: "Electrical energy storage systems: A comparative life cycle cost analysis," Renew Sustain Energy Rev, vol. 42, pp.569-596, 2015.

2. http://pemclab.cn.nctu.edu.tw/W3news/%E6%8A%80%E8%A1%93%E5%B0%88%E6%AC%84/A03%EF%BC%9A%E9%9B%BB%E5%8A%9B%E9%9B%BB%E5%AD%90%E7%99%BC%E5%B1%95%E7%9A%84%E5%A5%91%E6%A9%9F%E8%88%87%E6%8C%91%E6%88%B0/DPGS.gif

3. http://cleanleap.com/3-thermal-storage/how-thermal-storage-works

4. https://www.powerelectronicsnews.com/wp-content/uploads/2017/03/Figure-7-compressed-air.png)

5. ttps://essayforum.com/shared_files/uploaded/67930/271213_1_o.png

6. http://www.windpowerengineering.com/environmental/20-mw-storage-plant-nears-operation/

7. http://www.esexpo.org/News/201741894233433.html?lang=cn

8. https://www.tesla.com/gigafactory

9. http://energystoragereport.info/tag/sumitomo/

10. https://www.crazyengineers.com/threads/superconducting-magnetic-energy-storage-systems.63228/

11. http://www.qmul.ac.uk/media/news/items/se/125596.html

12. https://insideevs.com/to-date-2000-fcevs-on-roads-california-just-30-fueling-stations/

進階閱讀

1. International Energy Agency (IEA). World energy outlook 2013. Paris: OECD/ IEA, 2013.

2. European Commission. Strategic energy technologies [online]. Available: ⟨http://setis.ec.europa.eu/technologies⟩, 2013.

3. Sandia National Laboratories. Energy storage systems program [online].Available: ⟨http://www.sandia.gov/ess/⟩, 2013.

4. Evans, A., Strezov, V., and Evans, T. J: "Assessment of utility energy storage options for increased renewable energy penetration," Renew Sustain Energy Rev,vol.16, no. 6, pp. 4141-4147, 2012.

5. Punys, P., Baublys, R., Kasiulis, E., Vaisvila, A., Pelikan, B. and Steller, J: "Assessment of renewable electricity generation by pumped storage power plants in EU member states," Renew Sustain Energy Rev,vol. 10, no. 26, pp.190-200, 2013.

6. Karellas, S., andTzouganatos, N: "Comparison of the performance of compressed-air and hydrogen energy storage systems: Karpathos island case study," Renew Sustain Energy Rev, vol. 29, pp. 865-882, 2014.

7. Dunn, B., Kamath, H. andTarascon,J: "Electrical energy storage for the grid: a battery of choices," Science,vol. 334, no. 6058, pp. 928-935, 2011.

8. Sebastián, R. and Peña Alzola R: "Flywheel energy storage systems: review and simulation for an isolated wind power system," Renew Sustain Energy Rev, vol.16, no.9, pp.6803-6913,2012.

9. Ali, M. H., Wu, B. and Dougal, R. A: "An overview of SMES applications in power and energy systems," IEEE Trans Sustain Energy, vol. 1, no. 1, pp. 38-47, 2010.

10. Steffen, B. and Weber,C: "Efficient storage capacity in power systems with thermal and renewable generation," Energy Econ, vol. 36, pp. 556-567, 2013.

11. Bradbury, K., Pratson, L. andPatiño, E. D: "Economic viability of energy storage systems based on price arbitrage potential in real-time U.S. electricity markets," Appl Energy, vol. 114, pp.512-519, 2014.

12. DOE, Grid energy storage [online]. Available: ⟨http://energy.gov/oe/downloads/grid-energy-storage- december-2013⟩, 2013.

13. Kaldellis, J. K., Zafirakis, D. andKavadias, K: "Techno-economic comparison of energy storage systems for island autonomous electrical networks," Renew Sustain Energy Rev, vol. 13, no. 2, pp. 378-392, 2009.

14. Schoenung, S. M: "Characteristics and technologies for long- vs. short-term energy storage," New Mexico, California: Sandia National Laboratories, 2001.

15. Schoenung, S. M. andHassenzahl, W. V: "Long- vs. short-term energy storage technologies analysis: A life-cycle cost study," New Mexico, California: Sandia National Laboratories, 2003.

16. Poonpun, P. and Jewell, W. T: "Analysis of the cost per kilowatt hour to store electricity," IEEE Trans Energy Convers,vol. 23, no. 2, pp.529-534, 2008.

17. Palo, A: "Electric energy storage technology options: a white paper primer on applications, costs, and benefits," California: EPRI, 2010.

18. Akhil, A. A., Huff, G., Currier, A. B., Kaun, B. C., Rastler, D. M. and Chen, S. B: "electricity Storage handbook in collaboration with NRECA," New Mexico, California: Sandia National Laboratories, 2013.

19. Battke, B., Schmidt, T. S.,Grosspietsch, D. and Hoffmann, V. H: "A review and probabil- istic model of life cycle costs of stationary batteries in multiple applications," Renew Sustain Energy Rev, vol.25 pp. 240-250, 2013.

20. Abrams, A., Fioravanti, R., Harrison, J., Katzenstein, W., Kleinberg, M. andLahiri,S: "Energy storage cost-effectiveness methodology and preliminary results," California, USA: DNV KEMA Energy and Sustainability, California Energy Commission, 2013.

不同電儲能系統的
成本組成

　　為比較文獻中個別技術之值和成本項目的變化，不同電儲能系統的成本項目描述於下列表格中，平均值是取決於每個範圍的中位數，其範圍內不包含離群值。須注意，以下表格之變動運維成本不包含電價，取決於市場上採用何種電儲能系統。

附表 A-1　拉普那斯轉換表

成本項目	平均	四分位數間距	範圍
電力轉換系統 (€/kW)	513	410～805	373～941
廠內其他系統 (€/kW)	15	9～22	3～28
儲能部分 [a] (€/kWh)	68	41～115	8～126
固定運維成本 [b] (€/kW-yr)	4.6	3.9～7.7	2.0～9.2
變動運維成本 (€/MWh)	0.22	0.20～0.79	0.19～0.84

註：a.主要儲能容量可放電 8 小時。

　　　b.主要固定運維成本以每 20 年總裝置容量為 84 €/kWh 評估。

附表 A-2　壓縮空氣儲能(CAES)主要成本項目[1]

成本項目	型式	平均	四分位數間距	範圍
電力轉換系統 (€/kW)	地上	846	825～866	804～997
	地下	843	696～928	549～1014
儲能部分 ª (€/kWh)	地上	109	97～120	84～131
	地下	40	30～47	4～64
固定運維成本 ᵇ (€/kW-yr)	地上	2.2	2.2～3.0	2.2～3.7
	地下	3.9	2.6～4.0	2.0～4.2
變動運維成本 ᶜ (€/MWh)	地上	2.2	21～2.6	1.9～3.0
	地下	3.1	2.6～3.6	2.2～2.5

註：a. 主要儲能容量可放電 8 小時。
b. 主要固定運維成本以每 5 年總裝置容量為 67 €/kWh 評估。
c. 因不同研究的天然氣價格不同，變動運維成本不確定性更高。平均來說，燃料成本平均落在 8～20€/MWh，排放成本則 18～22€/噸 CO_2。

附表 A-3　飛輪儲能主要成本項目[1]

成本項目	平均	四分位數間距	範圍
電力轉換系統 ª (€/kW)	287	294～356	263～470
儲能部分 ᵇ (€/kWh)	2815	1030～18159	865～47764
固定運維成本 (€/kW-yr)	5.2	4.8～5.6	4.3～6.0
變動運維成本 (€/MWh)	2.0	1.1～2.9	0.2～3.8
替換成本 ᶜ (€/kW)	151	118～184	85～216

註：a. 成本包含廠內其他系統
b. 由於飛輪儲能通常用於電力品質應用，其放電時間最高達 30 分鐘，故直接使用儲能部分成本可能會造成歧義。
c. 數值根據每單位功率額定值計算，每 4 年更換。

附表 A-4　鉛酸電池主要成本項目[1]

成本項目	平均	四分位數間距	範圍
電力轉換系統 (€/kW)	378	322～440	195～594
廠內其他系統 (€/kW)	87	65～108	43～130
儲能部分 ª (€/kWh)	618	264～661	184～847
固定運維成本 (€/kW-yr)	3.4	3.3～6.1	3.2～13.0
變動運維成本 (€/MWh)	0.37	0.35～0.49	0.15～0.52
替換成本 ᵇ (€/kW)	172	157～264	50～560

註：a. 百萬瓦規模系統額定放電深度為 80%，用於大能量儲存和輸配電服務(放電時間 4 小時)。
b. 每 8 年更換(一年 365 次週期)。

附表 A-5　鈉硫電池主要成本項目[1]

成本項目	平均	四分位數間距	範圍
電力轉換系統 [a] (€/kW)	366	314～553	241～865
儲能部分 [b] (€/kWh)	298	277～358	180～563
固定運維成本 (€/kW-yr)	3.6	3.3～16.5	2.0～17.3
變動運維成本 (€/MWh)	1.8	03～4.6	0.3～5.6
替換成本 [c] (€/kW)	180	180～307	180～443

註：a. 成本包含廠內其他系統，約為 80 €/kW。
　　b.百萬瓦規模系統額定放電深度為 80 %，用於大能量儲存和輸配電服務(放電時間 6～7.2 小時)。
　　c.每 8 年更換(一年 365 次週期)。

附表 A-6　鎳鎘電池主要成本項目[1]

成本項目	平均	四分位數間距	範圍
電力轉換系統 [a] (€/kW)	239	213～279	206～329
儲能部分 [b] (€/kWh)	780	571～1020	564～1120
固定運維成本 (€/kW-yr)	11	5～19	4～24
替換成本 [c] (€/kW)	525	502～549	478～573

註：a. 成本包含廠內其他系統。
　　b.百萬瓦規模系統額定放電深度為 80 %，用於大能量儲存和輸配電服務(放電時間 2～4 小時)。
　　c.每 10 年更換(一年 365 次週期)。

附表 A-7　NaNiCl$_2$電池，即零排放電池(ZEBRA)主要成本項目[1]

成本項目	平均	四分位數間距	範圍
電力轉換系統 [a] (€/kW)	472	378～611	335～638
儲能部分 [b] (€/kWh)	509	410～723	366～778
固定運維成本 (€/kW-yr)	5.5	3.7～7.1	3.3～7.2
變動運維成本 (€/MWh)	0.6	0.41～1.0	0.38～2.1
替換成本 [c] (€/kW)	182	148～202	107～202

註：a. 成本包含廠內其他系統。
　　b.百萬瓦規模系統額定放電深度為 80 %，用於大能量儲存和輸配電服務 (放電時間 5 小時)。
　　c.每 8 年更換(一年 365 次週期)。

附表 A-8　鋰離子電池主要成本項目[1]

成本項目	平均	四分位數間距	範圍
電力轉換系統 [a] (€/kW)	463	398～530	241～581
儲能部分 [b] (€/kWh)	795	676～1144	470～1249
固定運維成本 (€/kW-yr)	6.9	4.9～11.2	2.0～13.7
變動運維成本 (€/MWh)	2.1	0.99～3.6	0.4～5.6
替換成本 [c] (€/kW)	369	284～505	187～543

註：a. 成本包含廠內其他系統。

　　b. 百萬瓦規模系統額定放電深度為 80%，用於大能量儲存和輸配電服務(放電時間 0.5～2 小時)。

　　c. 每 8 年更換(一年 365 次週期)。

附表 A-9　全釩液流電池主要成本項目[1]

成本項目	平均	四分位數間距	範圍
電力轉換系統 [a] (€/kW)	490	478～518	472～527
儲能部分 [b] (€/kWh)	467	440～536	433～640
固定運維成本 (€/kW-yr)	8.5	4.3～16.1	3.4～17.3
變動運維成本 (€/MWh)	0.9	0.5～1.2	0.2～2.8
替換成本 [c] (€/kW)	130	114～165	111～192

註：a. 成本包含廠內其他系統，約為 25 €/kW。

　　b. 百萬瓦規模系統額定放電深度為 80%，用於大能量儲存和輸配電服務(放電時間 4 小時)。

　　c. 每 8 年更換(一年 365-500 次週期)。

附表 A-10　鋅溴液流電池主要成本項目[1]

成本項目	平均	四分位數間距	範圍
電力轉換系統 [a] (€/kW)	444	343～470	151～595
儲能部分 [b] (€/kWh)	195	178～314	178～530
固定運維成本 (€/kW-yr)	4.3	3.6～5.4	3.2～6.9
變動運維成本 (€/MWh)	0.6	0.4～1.0	0.3～2.0
替換成本 [c] (€/kW)	195	148～198	101～201

註：a. 成本包含廠內其他系統，約為 25 €/kW。

　　b. 百萬瓦規模系統額定放電深度為 80%，用於大能量儲存和輸配電服務(放電時間 2～5 小時)。

　　c. 每 15 年更換(一年 365 次週期)。

附表 A-11　鐵鉻液流電池[1]

成本項目	平均	四分位數間距	範圍
電力轉換系統 [a] (€/kW)	362	333～393	326～523
儲能部分 [b] (€/kWh)	145	126～152	64～156
固定運維成本 (€/kW-yr)	3.3	2.8～4.0	2.7～6.9
變動運維成本 (€/MWh)	0.4	0.2～0.6	0.1～1.0
替換成本 [c] (€/kW)	29	24～33	14～38

註：a. 成本包含廠內其他系統，約為 25 €/kW。

　　b.百萬瓦規模系統額定放電深度為 80％，用於大能量儲存和輸配電服務(放電時間 4 小時)。

　　c. 每八年更換(一年 365-500 次週期)。

附表 A-12　氫能相關電儲能系統主要成本項目[1]

成本項目	型態	平均	四分位數間距	範圍
電力轉換系統 [a] (€/kW)	氫燃料電池	2465	1630～3884	1383～4453
	渦輪機 [b]	1548	1359～2673	1102～3362
儲能部分 (€/kWh)	地上	130	128～132	125～134
	地下	3.7	0.2～11.6	0.02～12.4
運維成本 (€/kW-yr)	氫燃料電池	25	24～39	16～44
	渦輪機 [b]	35	25～45	23～48

註：a. 成本包含廠內其他系統，約為 25 €/kW。

　　b.中小型規模儲能

參考文獻

[1]   Behnam,Z and Sanna,S：¨Electrica energy storge systems：A comparative life cycle cost analysis.¨
      Renew Sastam Energy Rev,vol.42,pp.569-596,2015.

B

電儲能的技術特點整理

附表 B-1 [1]

電儲能技術	功率 範圍	放電 時間	整體 效率	功率密度	能量密度	儲存壽命	自放電	生命 週期	生命週期
	(MW)	(ms-h)		(W/kg)	(Wh//kg)		(per day)	(year)	(cycle)
抽水蓄能	10-5000	1-24 h	0.70-0.82		0.5-1.5	hours-months	可忽略	50-60	20,000-50,000
壓縮空氣儲能 (地下)	5-400	1-24 h	0.7-0.89		30-60	hours-months	小	20-40	> 13,000
壓縮空氣儲能 (地上)	3-15	2-4 h	0.70-0.90			hours-days	小	20-40	> 13,000
飛輪儲能	高達 0.25	ms-15 m	0.93-0.95	1000	5-100	sec-min	100 %	15-20	20,000-100,000
鉛酸電池	高達 20	s-h	0.70-0.90	75-300	30-50	min-days	0.1-0.3 %	5-15	2,000-4,500
鈉硫電池	0.05-8	s-h	0.75-0.90	150-230	150-250	sec-hours	20 %	10-15	2,500-4,500
$NaNiCl_2$ (零排放電池)	50	2-5 h	0.86-0.88	150-200	100-140	sec-hours	15 %	15	2,500-3,000
鎳鎘電池	高達 40	s-h	0.6-0.73	50-1000	15-300	min-days	0.2-0.6 %	10-20	2,000-2,500
鋰離子電池	高達 0.01	m-h	0.85-0.95	50-2000	150-350	min-days	0.1-0.3 %	5-15	1,500-4,500
全釩液流電池	0.03-3	s-10 h	0.65-0.85	166	10-35	hours-months	小	5-10	10,000-13,000
鋅溴液流電池	0.05-2	s-10 h	0.60-0.70	45	30-85	hours-months	小	5-10	5,000-10,000
鐵鉻液流電池	1-100	4-8 h	0.72-0.75					10-15	> 10,000
多硫化鈉溴液流電池	15	s-10 h	0.65-0.85			hours-months	小	10-15	2,000-2,500
超導磁儲能	0.1-10	ms-8 s	0.95-0.98	5000-2000	0.5-5	min-hours	10-15 %	15-20	> 100,000
電容器	高達 0.05	ms-60 m	0.60-0.65	100,000	0.05-5	sec-hours	40 %	5-8	50,000
超高電容儲能	高達 0.3	ms-60 m	0.85-0.95	800-23,500	2.5-50	sec-hours	20-40 %	10-20	> 100,000
氫能 (燃料電池)	0.3-50	s-24 h	0.33-0.42	500	100-10,000	hours-months	可忽略	15-20	20,000

參考文獻

[1] Behnam,Z and Sanna,S："Electrica energy storge systems：A comparative life cycle cost analysis."
     Renew Sastam Energy Rev,vol.42,pp.569-596,2015.

電網規模電儲能之總投資成本(TCC)整理

附表 C-1 [1]

電儲能技術	總投資成本（€/kW）		
	最小值	平均	最大值
抽水蓄能	1030	1406	1675
壓縮空氣儲能(地上)	774	893	914
壓縮空氣儲能(地下)	1286	1315	1388
飛輪儲能	590	867	1446
鉛酸電池	1388	2140	3254
鈉硫電池	1863	2254	2361
零排放電池(ZEBRA)	2279	3376	4182
鋰離子電池	874	1160	1786
全釩液流電池	2109	2512	2746
鋅溴液流電池	1277	1360	1649
鐵鉻液流電池	1099	1132	1358
鋅空氣	1313	1364	1415
超高電容(電雙層)	214	229	247

參考文獻

[1] Behnam,Z and Sanna,S：ˋElectrica energy storge systems：A comparative life cycle cost analysis.˝ Renew Sastam Energy Rev,vol.42,pp.569-596,2015.

國家圖書館出版品預行編目資料

儲能技術概論 / 曾重仁, 張仍奎, 陳清祺, 薛康琳, 江沅晉, 李達生, 翁芳柏, 林柏廷, 李岱洲, 謝錦隆編著. -- 二版. -- 新北市 ： 全華圖書股份有限公司, 2022.06
　　面 ；　公分
　　ISBN 978-626-328-208-7(平裝)

1.CST： 能源技術　2.CST： 技術發展

400.15　　　　　　　　　　　　　111007734

儲能技術概論(第二版)

作者／曾重仁、張仍奎、陳清祺、薛康琳、江沅晉
　　　李達生、翁芳柏、林柏廷、李岱洲、謝錦隆
發行人／陳本源
執行編輯／楊煊閔
封面設計／楊昭琅
出版者／全華圖書股份有限公司
郵政帳號／0100836-1 號
印刷者／宏懋打字印刷股份有限公司
圖書編號／0634401-202210
定價／新台幣 450 元
ISBN／978-626-328-208-7(平裝)
全華圖書／www.chwa.com.tw
全華網路書店 Open Tech／www.opentech.com.tw
若您對本書有任何問題，歡迎來信指導 book@chwa.com.tw

臺北總公司(北區營業處)
地址：23671 新北市土城區忠義路 21 號
電話：(02) 2262-5666
傳真：(02) 6637-3695、6637-3696

南區營業處
地址：80769 高雄市三民區應安街 12 號
電話：(07) 381-1377
傳真：(07) 862-5562

中區營業處
地址：40256 臺中市南區樹義一巷 26 號
電話：(04) 2261-8485
傳真：(04) 3600-9806(高中職)
　　　(04) 3601-8600(大專)

歡迎加入 全華會員

● 會員獨享
會員享購書折扣、紅利積點、生日禮金、不定期優惠活動…等。

如何加入會員
掃 QRcode 或填妥讀者回函卡回直接傳真 (02) 2262-0900 或寄回，將由專人協助登入會員資料，待收到 E-MAIL 通知後即可成為會員。

如何購買 全華書籍

1. 網路購書
全華網路書店「http://www.opentech.com.tw」，加入會員購書更便利，並享有紅利積點回饋等各式優惠。

2. 實體門市
歡迎至全華門市（新北市土城區忠義路 21 號）或各大書局選購。

3. 來電訂購
(1) 訂購專線：(02) 2262-5666 轉 321-324
(2) 傳真專線：(02) 6637-3696
(3) 郵局劃撥（帳號：0100836-1 戶名：全華圖書股份有限公司）
※ 購書未滿 990 元者，酌收運費 80 元。

OpenTech.com.tw 全華網路書店

全華網路書店 www.opentech.com.tw
E-mail: service@chwa.com.tw

※ 本會員制如有變更則以最新修訂制度為準，造成不便請見諒。